冯伟

韦鹏程 著

几类时滞神经网络的
稳定性研究

JILEI SHIZHI SHENJING WANGLUO DE

WENDINGXING YANJIU

中国财经出版传媒集团
经济科学出版社
Economic Science Press

图书在版编目（CIP）数据

几类时滞神经网络的稳定性研究／冯伟，韦鹏程著
. —北京：经济科学出版社，2022.11
ISBN 978 - 7 - 5218 - 4198 - 5

Ⅰ.①几… Ⅱ.①冯… ②韦… Ⅲ.①时滞 - 人工神
经网络 - 稳定性 - 研究 Ⅳ.①TP183

中国版本图书馆 CIP 数据核字（2022）第 203740 号

责任编辑：周胜婷
责任校对：王肖楠
责任印制：张佳裕

几类时滞神经网络的稳定性研究

冯 伟 韦鹏程 著

经济科学出版社出版、发行 新华书店经销
社址：北京市海淀区阜成路甲 28 号 邮编：100142
总编部电话：010 - 88191217 发行部电话：010 - 88191522
网址：www. esp. com. cn
电子邮箱：esp@ esp. com. cn
天猫网店：经济科学出版社旗舰店
网址：http：//jjkxcbs. tmall. com
固安华明印业有限公司印装
710 ×1000 16 开 11.25 印张 200000 字
2022 年 11 月第 1 版 2022 年 11 月第 1 次印刷
ISBN 978 - 7 - 5218 - 4198 - 5 定价：68.00 元
（图书出现印装问题，本社负责调换。电话：010 - 88191510）
（版权所有 侵权必究 打击盗版 举报热线：010 - 88191661
QQ：2242791300 营销中心电话：010 - 88191537
电子邮箱：dbts@ esp. com. cn）

前　　言

神经网络是一种非常重要而复杂的大规模动力系统，具有十分丰富的动力学属性。在过去近二十年里，由于其在联想记忆、组合优化、信号处理和模式识别等问题中的广泛应用，神经网络的动力学问题得到了深入的研究。为了易于分析和应用，许多神经网络模型忽略了神经元之间信息传输所带来的时间延迟。但是，理论和实践证实，时滞是客观存在的。此外，在生物神经系统中，突触之间信息的传递是一个随机噪声过程，该过程由神经递质或其他随机因素的释放而导致的随机波动所引发。除了时滞与随机噪声，在网络的应用和设计中，系统建模时必须考虑一些不可避免的参数不确定性，这些不确定性主要源于系统建模时的模型简化、外边扰动、参数波动和数据错误等。时滞、参数不确定性和随机噪声都将在相当大的程度上影响动态系统的整体性能，产生振荡行为或其他失稳现象甚至出现混沌现象。近年来，时滞随机神经网络的稳定性研究吸引了大批的研究人员，并已取得一系列丰富而有意义的结果。

由于时滞神经网络种类繁多，可利用的数学工具与数学方法也是多种多样，因而研究时滞神经网络的稳定性所导致的问题也是纷繁复杂。人们不可能针对一大类系统得到一组完美的普适稳定性判据。到目前为止，各国学者们仍然在不断提出新的判定规则，孜孜不倦地追求规则更广的适用范围和更少的保守性，稳定性问题仍然是人工神经网络研究的一个热门问题。

当前这些稳定性判定规则就其表述形式至少可分为四种，即参数的代数不等式、系数矩阵的范数不等式、矩阵不等式和线性矩阵不等式

（LMI）等。另外，根据是否包含时滞参数，稳定性条件又可以分为两类：依赖于时滞（时滞相关）的稳定性条件和不依赖于时滞（时滞无关）的稳定性条件。早期的大多数研究基本上局限于时滞无关的稳定性研究，显然，这种时滞神经网络模型的应用条件是非常苛刻的。

本书旨在利用适当的李雅普诺夫–克拉索夫斯基泛函、伊藤公式及线性矩阵不等式等数学工具，研究分别带有区间时滞和分布时滞的随机神经网络、BAM 随机神经网络以及随机中立神经网络等的稳定性问题，并结合一些不等式方法，得出一些有价值的相关时滞随机神经网络的稳定控制器存在的代数判据。

本专著由重庆第二师范学院冯伟、韦鹏程老师共同完成，并得到儿童大数据重庆市工程实验室、交互式教育电子重庆市工程技术研究中心、电子信息重庆市重点学科、计算科学与技术国家一流专业、"儿童教育大数据分析关键技术及其应用研究"重庆市高校创新研究群体、重庆市自然科学基金项目（N0. CSTC2021 – msxm1993）、重庆市教委科学技术研究项目（N0. KJZD – K202201604）的支持！

目录

第 *1* 章

绪　　论

人工神经网络（artificial neural networks，ANNs）是由大量简单的处理单元组成的非线性、自适应、自组织系统，是 20 世纪 80 年代以来人工智能领域兴起的研究热点。它是在现代神经科学研究成果基础上，试图通过模拟人类神经系统对信息进行加工、记忆和处理的方式，设计出的一种具有人脑风格的信息处理系统。它从信息处理角度对人脑神经元网络进行抽象建模，按照不同的连接方式组成不同的网络。

人工神经网络是一种运算模型，由大量的节点（或称神经元）相互连接构成。每个节点代表一种特定的输出函数，称为激励函数（activation function）。每两个节点间的连接都代表一个对于通过该连接信号的加权值，称为权重，这相当于人工神经网络的记忆。

人工神经网络以对大脑的生理研究成果为基础，其目的在于模拟大脑的某些机理与机制，实现某个方面的功能。近年来，人工神经网络的研究工作不断深入，已经取得了很大的进展，其在模式识别、智能机器人、自动控制、预测估计、生物、医学、经济等领域已成功地解决了许多现代计算机难以解决的实际问题，表现出了良好的智能特性。

虽然人类对自身脑神经系统的认识还非常有限，但已经设计出像人工神经网络这样具有相当实用价值和较高智能水平的信息处理系统。近年来，随着神经科学、数理科学、信息科学和控制科学的快速发展，以及神经网络在联想记忆、信号处理、组合优化和模式识别等问题中的广泛应用[1-13]，人工神经网络得到了深入的研究。

1.1 人工神经网络发展概述

人工神经网络的发展历史可追溯至 20 世纪 40 年代初。1943 年，美国神经生物学家麦卡洛克（Mcculloch）和数理逻辑学家皮茨（Pitts），在分析总结神经元基本特性的基础上首先提出神经元的数学模型（称为 Mc-Culloch-Pitts 模型，简称 MP 模型）[14]，他们从原理上证明了人工神经网络可以计算任何算术和逻辑函数，迈出了人工神经网络研究的第一步。这种模型有兴奋和抑制两种状态，可以完成有限的逻辑运算，该模型虽然很简单，但是它为以后人工神经网络模型的建立以及理论研究奠定了基础。

1949 年，心理学家唐纳德·赫布（Donald Hebb）根据心理学中条件反射机理，提出了神经元间连接强度变化的规则，即如果两个神经元都处于兴奋状态，那么它们之间的突触连接强度就会得到加强。这是最早建立的神经元学习规则，被称为赫布规则[15]，至今在一些人工神经网络的模型中依然发挥着重要作用。

人工神经网络第一次实际应用出现在 20 世纪 50 年代后期。1957 年，计算机科学家弗兰克·罗森布拉特（Frank Rosenblatt）提出著名的"感知器（perceptron）"模型[16]，它由阈值性神经元组成，用以模拟动物和人脑的感知和学习能力。感知器的学习过程是改变神经元之间的连接强度，适用于模式识别、联想记忆等人们感兴趣的实用技术。感知器模型包含了现代神经计算机的基本原理，在结构上大体符合神经生理学知识。因此掀起了人工神经网络研究的第一次高潮。

1960 年，伯纳德·维德罗（Bernard Widrow）和特德·霍夫（Ted Hoff）发表了"自适应开关电路"的论文[17]。在该文中，他们提出了自适应线性元件网络,简称为 ADALINE(adaptive linear rlement),这是一种连续取值的线性加权求和阈值网络。为了训练该网络,他们还提出了 Widrow-Hoff 算法,该算法后被称为 LMS(least mean square)算法,即数学上的最速下降法。这种算法在后来的误差反向传播(back-propagation)及自适应信号处理系统中有着广泛的应用。

然而,在 1969 年,人工智能的先驱马文 · 明斯基(Marvin Minsky)和西摩尔 · 派普特(Seymour Papert)出版了一本名为《感知机》(Perceptron)的专著[18]。书中论证了简单的线性感知机功能是有限的,并指出单层感知器只能进行线性分类,不能解决如"异或(XOR)"这样的基本问题,也不能解决非线性问题。并且他们进一步指出,对于多层网络还找不到有效的计算方法。于是明斯基断言这种感知器无科学研究价值可言,包括多层的感知器也没有什么意义。当时没有功能强大的数字计算机来支持各种实验,从而使得许多研究人员对于神经网络的前景失去信心,以致神经网络在随后的十年左右处于萧条状态。

尽管如此,在这一时期仍有不少学者在极端艰难的条件下致力于人工神经网络的研究。例如,美国学者格罗斯伯格(Grossberg)等提出了自适应共振理论(adaptive resonance theory,ART)模型[19],并在以后若干年发展了 ART1、ART2、ART3 三种神经网络模型;芬兰学者科荷伦(Kohonen)提出了自组织映射(self-organizing map,SOM)理论网络[20],这是一类无监督学习型人工神经网络,主要用于模式识别和数据分类等方面;福岛(Fukushima)提出了神经认知机网络理论[21];沃博斯(Werbos)提出了 BP 理论及反向传播原理[22]。这些工作都为以后的神经网络研究和发展奠定了理论基础。

进入 20 世纪 80 年代,随着个人计算机和工作站计算能力的急剧增强和广泛应用,以及不断引入新的概念,克服了摆在人工神经网络研究前的障碍,人们对神经网络的研究热情空前高涨。1982 年,美国加州工学院生物物理学家约翰 · 霍普菲尔德(John Hopfield)提出了霍普菲尔德神经网络模型(Hopfield neural networks,HNNs)[23]。该模型是基于磁场的结构特征提出来的，可以用微电子器件来实现它，这种连续型神经网络可以用如下微分方程描述：

$$C_i \frac{\mathrm{d}u_i}{\mathrm{d}t} = -\frac{u_i}{R_i} + \sum_1^n T_{ij}V_{ij} + I_i, \quad i = 1,2,\cdots,n \qquad (1.1)$$

其中电阻 R_i 和电容 C_i 并联，模拟生物神经元的延时特性；电阻 $R_{ij} = 1/T_{ij}$ 模拟突触特性；电压 u_i 为第 i 个神经元的输入；运算放大器 $V_i = g(u_i)$ 为其输出；它是个非线性、连续可微、严格单调递增的函数，模拟生物神经元的非线性饱和特性。HNNs 模型的主要贡献是：根据网络的非线性方程，通过引入能量函数（Lyapunov 函数）的概念，给出了神经网络的平衡点的稳定性判据；利用模拟电路的基本元件构造了神经网络的硬件原理模型，从而为神经网络的硬件实现奠定了基础。将上述成果用于目前数字计算机不善于解决的典型问题，如联想记忆和计算优化问题等[24,25]。其中，最著名的例子是组合数学中的"旅行商（TSP）"问题，取得了令人满意的结果。

1988 年，美国加州大学的蔡少棠（Chua L O）和杨林（Yang L）受到细胞自动机（cellular automata）的启发，在霍普菲尔德网络的基础上提出了一种新颖的神经网络模型——细胞神经网络（cellular neural networks，CNNs）[26-27]。CNNs 可以用如下微分方程描述：

$$C \frac{\mathrm{d}x_i}{\mathrm{d}t} = -\frac{x_i}{R} + \sum_{j=1}^n a_{ij}f_j(x_j) + \sum_{j=1}^n b_{ij}u_j + I, \quad i = 1,2,\cdots,n \qquad (1.2)$$

其中，$C > 0$，$R > 0$ 和 I 分别表示电容、电阻与电流；u_j 表示输入电压且 $|u_j| \leqslant 1$；x_i 表示电压，$f_j(x_j) = \frac{1}{2}(|x_j+1| - |x_j-1|)$。CNNs 是一种局域连接的网络，网络中的基本单元称为细胞，网络中的每个神经元只与自己最临近的神经元相连接（连接范围由邻域数决定）。由于 CNNs 具有局域连接性，因此它非常适合超大规模集成电路（VLSI）实现。与 HNNs 一样，CNNs 也是反馈型神经网络，它具有细胞自动机的动力学特征，它的

出现对神经网络理论的发展产生了很大的影响，并在图像和电视信号处理、机器人及生物视觉、高级脑功能等领域得到了广泛应用。

在同一时期，科斯克（Kosko）提出了双向联想记忆（bidirectional associative memory，BAM）神经网络模型[1,2]：

$$
\begin{cases}
\dot{x}_i(t) = -a_i x_i(t) + \displaystyle\sum_{j=1}^{m} p_{ji} f(y_j(t)) + I_i, \quad i = 1, 2, \cdots, n \\
\dot{y}_j(t) = -b_j y_j(t) + \displaystyle\sum_{i=1}^{n} q_{ij} g_i(x_i(t)) + J_j, \quad j = 1, 2, \cdots, m
\end{cases}
\tag{1.3}
$$

这种网络由 I 和 J 两层构成，这两层分别由 n 个和 m 个神经元组成，$x_i(y_j)$ 表示当外部输入为 $I_i(J_j)$ 时第 $I(J)$ 层的神经元的记忆潜能。两层之间通过和式连接，其模型采用异联想的原理，进行联想时，网络状态在两层神经元之间来回传递，模仿人脑异联想的思维方式。

1985 年，希尔顿（Hinton）和诺斯基（Sejnowski）等人借用统计物理的方法提出了波尔兹曼（Boltzmann）机器学习算法[28]，首次采用了多层网络的学习算法，在学习中采用统计热力学模拟退火技术，保证整个系统趋于全局稳定点。1986 年，鲁梅尔哈特（Rumelhart）等人在多层神经网络模型的基础上，提出了多层神经网络模型的反向传播学习算法（即 BP 算法）[29]，解决了多层前向神经网络的学习问题，证明了多层神经网络具有很强的学习能力，能够解决许多实际问题，使得神经网络的研究迅速发展起来。此外，在 1988 年，科恩（Cohen）和格罗斯伯格（Grossberg）提出了著名的 Cohen–Grossberg 神经网络模型[30-31]：

$$
\frac{\mathrm{d}x_i}{\mathrm{d}t} = d_i(x_i)\left(-b_i(x_i) + \sum_{j=1}^{n} a_{ij} f_j(x_j) + I_i\right), \quad i = 1, 2, \cdots, n \tag{1.4}
$$

许多神经网络模型可作为 Cohen–Grossberg 模型的特例，如霍普菲尔德神经网络、细胞神经网络等。

1986 年 4 月美国物理学会在斯洛贝兹（Snewbirds）召开了国际神经网络会议。1987 年 6 月 IEEE 在圣选戈召开了首届神经网络国际会议，国际神经网络联合会（INNS）宣告成立。1988 年 1 月《神经网络》杂志问世。1990 年 3 月 IEEE 神经网络会刊问世，掀起了用人工神经网络来模拟人类智能的热潮。

神经网络的发展已到了一个新时期，它涉及的范围正在不断扩大，其应用渗透到各个领域。其进化与学习结合的思想正在迅速发展，神经计算、进化计算正成为其发展的一个重要方向。1993 年，沃博斯（P. J. Werbos）通过混沌、孤立子系统的数学原理来理解人的认知过程，建立新的神经信息处理模型的框架[32,33]。1994 年，我国学者廖晓昕对细胞神经网络建立了新的数学理论与基础，得出了一系列结果，如平衡态的全局稳定性、区域稳定性、周期解的存在性和吸引性等[34,35]。1995 年，日本学者甘利俊一（Amari S）将微分流形和信息几何应用于人工神经网络系统的研究[36]，探索系统化的新神经信息处理理论基础，为人工神经网络的理论开辟了一条崭新的途径。

近十几年来，许多具备不同信息处理能力的神经网络已被提出，并被应用于许多信息处理领域，如计算机视觉、模式识别、智能控制、自动控制、非线性优化、自适应滤波、信息处理、机器人、信号处理、决策辅助等方面。神经计算机的研究也为神经网络的理论研究提供了许多有利条件，各种神经网络模拟软件包、神经网络芯片以及电子神经计算机的出现，体现了神经网络领域的各项研究均取得了长足进展。另一方面，神经网络较强的数学性质和生物学特征使得神经网络的发展必然要受到神经科学、心理学、认知科学发展的影响，这也使得它的发展不可能在短时间内一蹴而就。

毫无疑问，人工神经网络与其他传统方法相结合，将推动人工智能和信息处理技术不断发展，它正向模拟人类认知的道路上更加深入发展，与模糊系统、遗传算法、进化机制等结合，形成计算智能，成为人工智能的一个重要方向，将在实际应用中得到发展。该技术的发展必将对目前和未来的科学技术的发展有重要的影响。

1.2 时滞神经网络稳定性的研究进展

系统的稳定性研究起源于19世纪末的庞加莱（Poincare）理论和李雅普诺夫（Lyapunov）理论，并在20世纪得到了长足的发展。特别是在现代控制理论中，它已经作为主要的控制性能指标来考虑。从神经网络结构上来看，神经网络可以分为前馈网络（feedforward networks）和反馈网络（feedback networks）两大类。

霍普菲尔德模型和细胞神经网络模型都属于反馈型网络。毫无疑问，反馈型网络的应用都是与其稳定性相关的。例如：霍普菲尔德网络用于优化时，要求网络只具有唯一的一个平衡点，该平衡点对应于待求解的目标，而且随着时间的增长，要求网络的所有状态都趋近于这个平衡点，从数学上看，就是要求网络必须是全局稳定（包括渐近稳定或指数稳定）的；细胞神经网络用于图像处理时，希望网络的平衡点尽可能地多，这样可以将处理后的结果存储于这些平衡点上，而且网络的状态在长时间后也要趋近于某个平衡点，这对于系统是完全稳定的；细胞神经网络用于保密通信时，要求网络是混沌的，这样可以利用混沌高度复杂的伪随机性进行加密。因此，研究神经网络的稳定性就具有十分重要的理论及现实意义。

事实上，自1982年提出霍普菲尔德模型以来，神经网络的稳定性的研究一直在神经网络理论研究中占有重要的地位，许多国际性的权威杂志，如：*Neural Networks*，*IEEE Transactions on Neural Networks*，*IEEETransactions on Circuits and Systems*，*IEEE Transactions on Automatic Control* 等每年都有大量的有关神经网络稳定性的论文出现。

与此同时，时滞系统已被大量用于描述传播、传输现象或人口动态模型等方面[37,38]。在经济系统中，时滞以一种自然的方式通过一些时间区间出现在一些经济领域，如投资政策、商品市场演变等[39]。在信息或神经网络模型中，在一条信息或信号传输的初始或结束，它总是伴随着一些非零的时间区间[39]。用数学方法来描述，这类系统通常被表示成泛函空间的微分方程形式[40]。20世纪80年代，由于时滞对线性或非线性系统的状态或输入的影响，以及它引起复杂的动力行为（如振动、失稳、混沌），使人们重新对系统稳定性的研究产生了兴趣，并在线性和连续时间系统得到了许多稳定性的结果[37-39, 41-43]。

在神经网络研究的初期，为了易于分析和应用，人们总是假定神经网络中各神经元对信号的响应是同步的，许多人工神经网络模型忽略了神经元之间信息传输所带来的时间延迟。然而，在神经网络的应用中，一方面由于两个相互作用的神经元自身之间不可避免地存在传递信息所需的时间，另一方面由于受到现实中硬件实现的影响，如有限的开关速度，因而时滞现象是不可避免的。时滞的存在往往容易导致网络的振荡，引起分叉或混沌现象，甚至导致网络失稳。虽然实践已经证实，时滞的客观存在性本身就说明了建模的不精确性，同时时滞对神经网络的稳定性带来影响，产生振荡行为或其他失稳现象甚至出现混沌现象，但是由于时滞控制比较容易实现，可以通过它来改善系统的动力学特性。

近年来，学者将轴突信号传输时滞引入传统的神经网络模型，如霍普菲尔德神经网络（HNN）、细胞神经网络（CNN）、双向联想记忆神经网络（BAMNN）和Cohen-Grossberg神经网络模型（CGNN）等，得到了相应的时滞神经网络模型，并对其各种动力学属性进行了深入的研究。一般来说，当前文献中的时滞可以分为有限时滞和无穷时滞，而有限时滞又可分为常量时滞和时变时滞。虽然在建模中采用有限时滞反馈可以对一些小型的电路能得到较好的近似，但是由于存在大量的并行旁路以及存在各种不同长度和大小的轴突，神经网络中通常有空间上的扩展。这样，神经网络就在无穷或有限时间内存在传输时滞的分布，在这种情况下，信号传输就不可能是瞬间完成的，也就不能用有限时滞或无穷时滞来建模，即较精确的模型应该同时含有有限时滞和无穷时滞。

1989年，马库斯（Marcus）和威斯特维尔特（Westervelt）将单个时滞引入霍普菲尔德神经网络[44]，研究了如下模型的稳定性：

$$C\frac{\mathrm{d}x_i}{\mathrm{d}t} = -\frac{x_i}{R} + \sum_{j=1}^{n} T_{ij}g_j(x_j(t-\tau)) + I_i, \quad i = 1,2,\cdots,n \quad (1.5)$$

1994 年，戈帕尔萨米（Gopalsamy）和何学中（He X）将上述系统稍做调整，考虑了多个时滞的情况[45]：

$$\frac{\mathrm{d}x_i}{\mathrm{d}t} = -c_i x_i + \sum_{j=1}^{n} b_{ij}g_j(x_j(t-\tau_{ij})) + I_i, \quad i = 1,2,\cdots,n \quad (1.6)$$

如果在相应的时滞神经网络模型中令时滞为零，那么这个时滞神经网络模型退化为相应的神经网络模型，在实际建模时，人们很自然地忽略小时滞，而将时滞动力系统约简为一般动力系统，然而从动力学的角度看，这样做是不可靠的。

事实上在许多情况下，学者们已经直接研究时滞神经网络模型。在文献［46,47］中，曹进德（Cao J）使用杨氏不等式技术，给出了若干充分判据确保系统式（1.1）的平衡点是指数稳定的并讨论了周期解的情况，并利用矩阵测度和比较原理，估计了系统式（1.1）的吸引域及指数收敛速率；在不要求激活函数 $g(\cdot)$ 是有界的情况下，陈天平（Chen T）分析了系统式（1.1）的指数稳定性[48,49]；借助于 M 矩阵的性质，张继业和金（Zhang & Jin）讨论了系统式（1.1）分别在离散和分布时滞下的指数稳定性[50]；通过利用杨氏不等式及霍尔德（Holder）不等式，卢宏涛（Lu H）等人在文献［51］中亦考虑了该系统的指数稳定性问题；廖（Liao）使用线性矩阵不等式并结合李雅普诺夫 – 克拉索夫斯基（Lyapunov-Krasovkii）泛函，给出了更加一般的时滞霍普菲尔德神经网络渐近稳定的一系列充分条件[52]。

1992 年，罗斯卡（Roska）和蔡少棠（Chua L O）将时滞引入 CNN 神经网络模型，并分析了该模型的稳定性[27]。阿里克（Arik）等在文献［53］中给出了确保 CNN 神经网络完全稳定的一个猜想，并在文献［54］中给出了证明。随后，许多学者对 CNN 神经网络进行了研究，利用 M 矩阵的性质和古典不等式，通过一些分析技巧，文献［55－56］给出了若干确保 CNN 神经网络指数稳定的充分条件；借助于线性矩阵不等式和通过巧妙构造李雅普诺夫－克拉索夫斯基泛函，文献［57－58］研究了 CNN 神经网络渐近稳定的问题，同时也给出了确保 CNN 神经网络渐近稳定的一些充分条件。

1994 年，戈帕尔萨米（Gopalsamy）和何学中（He X）将时滞引入 BAM 神经网络模型中并分析了该模型的稳定性[59]。随后，许多学者对 BAM 神经网络的稳定性进行了大量的研究。在文献［60，64］中，廖晓峰（Liao X）等人通过构造合适的李雅普诺夫函数给出了 BAM 神经网络的定量分析，并给出了几个稳定性的判别准则；斯里（Sree）和菲德拉（Phaneendra）研究了具有分布时滞的 BAM 神经网络模型的稳定性问题，给出了网络平衡点存在、唯一和渐近稳定的一个充分条件[61]；穆罕默德（Mohamad）在文献［62］中讨论了 BAM 神经网络具有连续和离散时滞的情况下的全局指数稳定性；博热当穆（Bouzerdoum）等人对 BAM 神经网络的稳定性进行了较详细的分析，得到了一系列判定 BAM 神经网络是全局稳定的充分判据[63]；利用线性矩阵不等式，阿里克（Arik）和塔威圣洛夫（Tavsanoglu）研究了 BAM 神经网络具有固定时滞的情况下的全局渐近稳定性［67］；有文献［65］研究了高阶 BAM 神经网络的指数稳定性；还有文献［66］使用绍德尔－布劳威尔（Schauder-Brouwer）不动点原理和一些分析技巧，在对激励函数假设无界的情况下讨论了 BAM 神经网络的平衡点的存在性和全局指数稳定性。

1995 年，叶辉（Ye H）和迈克（Michel）等人将时滞引入 Cohen-Grossberg 神经网络模型，并分析了该模型的稳定性[68]。曹进德（Cao J）等人利用基于非光滑分析的方法，讨论了 Cohen-Grossberg 神经网络的渐近稳定性[69]。借助于李雅普诺夫对角稳定矩阵的性质，卢文联和陈天平（Lu & Chen）分析了 Cohen-Grossberg 神经网络的绝对全局稳定性[70]。利用哈迪（Hardy）不等式及哈拉纳伊（Halanay）不等式，曹进德（Cao J）等人考虑了非自治 Cohen-Grossberg 模型的周期解问题[71]；陈天平等

（Chen et al）利用线性矩阵不等式，研究了 Cohen-Grossberg 神经网络的渐近稳定性[72]。通过构造向量李雅普诺夫函数并结合 M 矩阵理论，张继业（Zhang J）等人讨论了 Cohen-Grossberg 神经网络的全局指数稳定性[73]。王林（Wang L）结合拉祖米欣（Razumikhin）技巧考虑了该 Cohen-Grossberg 神经网络的渐近稳定性[74]。利用线性矩阵不等式并结合李雅普诺夫 – 克拉索夫斯基泛函，曹进德（Cao J）讨论了 Cohen-Grossberg 神经网络的全局指数稳定性[75]。王林（Wang L）利用耗散系统理论研究了 Cohen-Grossberg 神经网络分别在离散和分布时滞下的渐近指数稳定性，并得到了一系列判定 Cohen-Grossberg 神经网络是全局渐近（指数）稳定的充分判据[76]。

截至目前，在现有研究时滞神经网络稳定性的方法中最广泛使用的当然是李雅普诺夫方法。该方法把稳定性问题变为某些适当地定义在系统轨迹上的泛函稳定性问题，并通过这些泛函得到相应的稳定性条件。这些稳定性条件就其表述形式至少可分为四种，即参数的代数不等式、系数矩阵的范数不等式、矩阵不等式和线性矩阵不等式（LMI）等。其中，由于 LMI 方法对系统参数的限制相对较少，而且易于利用现有软件工具箱验证，该方法在近年来的稳定性理论研究中占据主导的位置，并已经得到了大量的研究成果[42,46,51,52,56,64,66,67,69,71,75,133,134,146,151 – 171]。

根据是否包含时滞参数，稳定性条件又可以分为两类：依赖于时滞（时滞相关）的稳定性条件和不依赖于时滞（时滞无关）的稳定性条件。早期的大多数研究基本上局限于时滞无关的稳定性研究，显然，这种时滞神经网络模型的应用条件是非常苛刻的。

由于时滞神经网络种类繁多，可利用的数学工具也是多种多样，因而造成时滞神经网络稳定性问题的纷繁复杂。人们不可能针对一大类系统得到一组完美的普适稳定性判据。到目前为止，各国学者们仍然在不断提出新的判定规则，孜孜不倦地追求规则更广的适用范围和更少的保守性，稳定性问题仍然是人工神经网络研究的一个热门问题。

1.3 随机神经网络稳定性的研究概述

在很多实际的系统中，比如在物理电路、生物系统、化学反应过程中随机因素的干扰在动力系统中起着非常重要的作用。同时按照神经生理学的观点，生物神经元本质上是随机的。因为神经网络重复地接受相同的刺激，其响应并不相同，这意味着随机性在生物神经网络中起着重要的作用。由于随机因素客观存在于实际过程中，确定性系统方程的描述只是实际过程动态特性的近似。利用确定性系统理论的控制方法对某些系统实行的控制常常会严重背离所期望的效果，为了抵消不确定因素的影响，必须将系统描述为随机系统。利用随机因素本身的特点实施随机控制使得系统按真实的行为轨迹运行。

事实上，随机因素对动力系统的影响广泛存在于自然科学、工程技术及社会大系统之中，其理论研究源于 20 世纪初爱因斯坦（Einstein）等人定量描述布朗运动的努力[77]，在 20 世纪 40～60 年代，随机噪声理论得到发展。自 80 年代后，很多学者将李雅普诺夫建立在确定性系统上的稳定性理论按随机自身的规律建立了部分相应的随机稳定性与控制理论[78-80]。

李雅普诺夫在 1892 年引入确定性动力系统的稳定性概念，并且开创了稳定性理论研究的李雅普诺夫第二方法，该方法的优点是它无须求系统的解就可判别系统的稳定性。因而在过去的一个世纪，李雅普诺夫第二方法一直是稳定性研究中的热点。虽然很多学者自 20 世纪 80 年代后应用李雅普诺夫第二方法研究随机稳定性，但与确定性系统的稳定性研究相比，随机系统的稳定性理论也还远未完善。

日本学者伊藤（Itô）于 1951 年 4 月在美国出版了《关于随机微分方程》一书，首次引入了伊藤法则，使得随机微积分的意义得到正确的解释，促进了随机微分系统的理论极大的发展[78,79,81-84]。他所开创的随机微积分和随机微分方程理论是对随机现象进行定量分析和研究的最重要的数学工具。

到目前为止，已经有大量文献应用李雅普诺夫第二方法研究系统的随机稳定性[85-99]，这些随机系统模型可描述如下：

$$dx(t) = f(t,x(t),x(t-\delta(t)))dt + g(t,x(t),x(t-\delta(t)))d\omega(t)$$

$$(1.7)$$

从 20 世纪 80 年代起，随机微分理论也很快被引入时滞神经网络的稳定性研究中，用以描述神经网络的随机因素作用的时间过程[105-110,125-127,138,140,144-148,172-176,184-200]。这些文献利用伊藤微分公式并结合非负半鞅收敛理论、参数变化模型以及不等式等技术，研究了各种时滞条件下的霍普菲尔德神经网络、递归神经网络、双向联想记忆神经网络和中立神经网络等系统的全局渐近稳定性、全局鲁棒稳定性和指数稳定性。

本书旨在利用适当的李雅普诺夫 – 克拉索夫斯基泛函与伊藤公式及 LMI 方法研究分别带有区间时滞、分布时滞的随机神经网络、BAM 随机神经网络以及随机中立神经网络等的稳定性问题，并结合一些不等式，给出了相关时滞随机神经网络的稳定控制器存在的代数判据。就笔者所知，其中有些结论在现有文献中还未曾发现。

1.4　本书的组织结构

本书主要对随机时滞神经网络的稳定性进行了较深入的研究。本书的组织结构如图 1.1 所示。

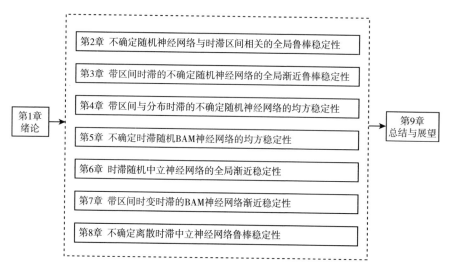

第1章
绪论

第2章 不确定随机神经网络与时滞区间相关的全局鲁棒稳定性

第3章 带区间时滞的不确定随机神经网络的全局渐近鲁棒稳定性

第4章 带区间与分布时滞的不确定随机神经网络的均方稳定性

第5章 不确定时滞随机BAM神经网络的均方稳定性

第6章 时滞随机中立神经网络的全局渐近稳定性

第7章 带区间时变时滞的BAM神经网络渐近稳定性

第8章 不确定离散时滞中立神经网络鲁棒稳定性

第9章
总结与展望

图 1.1　本书的组织结构

本书各章的具体内容如下：

第 1 章主要介绍人工神经网络的发展、时滞神经网络的稳定性研究概述和随机时滞神经网络的稳定性研究进展。最后介绍了本书的研究工作。

第 2 章研究了一类不确定随机神经网络与时滞区间相关的全局鲁棒稳定性问题。通过构造恰当的李雅普诺夫－克拉索夫斯基泛函和引入合适的随机分析方法，将所研究的神经网络是否是全局渐近鲁棒稳定的问题，转化为一个凸显优化问题是否有可行解的问题，导出了几个以线性矩阵不等式（LMI）形式给出的稳定性判定准则。

第 3 章研究了一类带区间时滞的不确定随机神经网络的全局渐近鲁棒稳定性。通过假设系统中不确定参数为范数有界，并构造适当的李雅普诺夫－克拉索夫斯基泛函，应用合适的不等式技术，得到了在均方意义下区间时变随机时滞神经网络平衡点的全局鲁棒稳定性的几个充分条件。

第 4 章研究了一类带区间时变时滞与分布时滞的不确定随机神经网络的全局渐近鲁棒稳定性问题。分布时滞的产生主要源于神经元的大小，长度不一，传输线路的复杂性和人工设计的局限性。所以，神经网络在传输信号的过程中，产生的时滞很多时候是以连续分布时滞的形式出现的。因此，在一些系统建模时包含分布时滞是必要的。本章通过随机分析方法并引入自由权值矩阵，并构造适当的李雅普诺夫－克拉索夫斯基泛函，得到了一些时滞区间相关和导数相关的稳定性判定准则。这些准则以 LMI 形式给出，用于在均方意义下保证时滞随机神经网络是全局渐近鲁棒稳定的。同时，这些准则既适用于慢时滞也适用于快时滞。

第 5 章研究了一类带有区间时滞和随机干扰的不确定双向联想记忆神经网络在均方意义下的全局渐近鲁棒稳定性问题。通过应用随机分析方法和构造适当的李雅普诺夫－克拉索夫斯基泛函，导出了几个用以保证时滞 BAM 神经网络在均方意义下是全局渐近鲁棒稳定的稳定性判定准则。这些准则既适用于慢时滞也适用于快时滞，同时去除了时变时滞的导数必须小于 1 和时变时滞的下界必须等于 0 这两条限制条件。

第 6 章利用随机分析方法、自由权值矩阵，研究了带时变时滞的随机中立神经网络在均方意义下的全局渐近稳定性问题。通过构造适当的李雅普诺夫－克拉索夫斯基泛函，导出了新的、具有较少保守性的稳定性判定准则，用以保证时滞随机中立神经网络在均方意义下是渐近稳定的。

第 7 章通过应用随机分析和自由权值矩阵方法，构造合适的李雅普诺夫－克拉索夫斯基泛函并考虑时滞区间，研究了带区间时变时滞的 BAM 神经网络渐近稳定性问题，得到新的稳定性判定准则，用以保证时滞 BAM 神经网络在均方意义下是全局渐近稳定的。

第 8 章通过应用范数和矩阵不等式分析方法，构造合适的李雅普诺夫－克拉索夫斯基泛函，研究了一类具有离散时滞和参数范数有界的不确定性中立神经网络的全局渐近鲁棒稳定性问题，得到了新的与时滞无关的稳定性充分条件。

第 9 章是对本书的总结，并提出一些今后进一步工作的展望。

1.5　符号说明

在本书中，用 R^n 和 $R^{n \times n}$ 分别表示 n 维欧几里得空间及空间内所有 $n \times n$ 维实数矩阵的集合；A^T 表示矩阵 A 的转置；$A > 0 (< 0)$ 表示正定或负定矩阵，$A \leqslant B$ 意味着 $A - B \leqslant 0$ 是半负定；$\| \cdot \|$ 表示方阵或向量在 R^n 的欧几里得范数；I_n 表示 $n \times n$ 的单位矩阵；Δ 表示参数不确定项；$(\Omega, \mathcal{F}, \{\mathcal{F}_t\}_{t \geqslant 0}, P)$ 表示具有自然过滤 $\{\mathcal{F}_t\}_t \geqslant 0$ 的完备概率空间；$diag\{M_1, M_2, \cdots, M_n\}$ 表示由对角线上矩阵 $M_1, M_2, \cdots, M_n$ 组成的分块对角矩阵；$*$ 表示对称矩阵的对称部分。

第2章

不确定随机神经网络与时滞区间
相关的全局鲁棒稳定性

本章研究一类不确定随机神经网络与时滞区间相关的全局鲁棒稳定性问题。通过构造恰当的李雅普诺夫－克拉索夫斯基泛函和应用随机分析方法，将所研究的神经网络是否是全局渐近鲁棒稳定的问题，转化为一个凸优化问题是否有可行解的问题。通过假设模型中的不确定参数是范数有界的，得到了几个新的稳定性判定准则。这些准则都以线性矩阵不等式（LMI）形式给出，能够有效地利用现有软件工具箱求解其可行解。理论分析和数值模拟显示，所得结果为不确定时滞随机神经网络提供了新的稳定性判定准则。

2.1 引　　言

在过去的二十年里，许多学者对人工神经网络进行了广泛的研究，并成功地将其应用于诸多领域，如组合优化、信号处理、模式识别等。然而，所有这些成功的应用都极大地依赖于人工神经网络的动力学行为。众所周知，稳定性是人工神经网络的主要特性之一，同时也是设计人工神经网络时考虑的一个至关重要的因素。事实上，轴突信号的传输时滞在不同的神经网络经常发生，并可能导致不良的动力学行为，如振荡和失稳。截至目前，时滞神经网络的稳定性问题已吸引了大量学者的研究兴趣，并且已经获得很多保证不同时滞的神经网络的渐近、鲁棒或指数稳定的充分条件，这些时滞包括常时滞、时变时滞、分布时滞等[100-104]。

值得注意的是，在生物神经系统中，突触之间信息的传递是一个噪声过程，该过程由神经递质或其他随机因素的释放而导致的随机波动所引发。此外，一个神经网络会由于确定的随机输入而保持稳定或导致失稳[105]。因此，有关随机神经网络的稳定性分析问题变得越来越重要，有关这个问题的一些研究成果已经发表[106-109]。另外，人工神经网络的神经元的连接权值依赖于电阻和电容值，这些值将产生参数不确定。当进行神经网络建模时，参数不确定（也称为变异或波动）应给予考虑[110-112]。

近年来，学者们开始对实际工程系统中一种特殊的时滞类型（即区间时滞）进行研究[113-116,141,144,177-179]。区间时滞是一种在区间进行变化的时滞，该区间的下界并不一定严格为0。具有区间时滞的动力系统中一个典型的例子就是网络控制系统（networked control systems，NCSs）[116,117]。众所周知，有些系统在具有非零时滞时是稳定的，但在无时滞时却是失稳的[118-120]。因此，对具有非零时滞的系统进行稳定性分析是非常重要的，这种非零时滞可以用一个给定的区间来表示[115,121,122]。瑞基亚潘（Rakkiyappan）等人研究了一类具有区间离散与分布时滞的不确定随机神经网络的稳定性问题[144]。还有学者研究了一类具有区间时滞的神经网络的稳定性问题，通过考虑时滞的下界与上界之间的关系，他们导出了一些关于该网络的时滞相关的稳定性判定准则[175]。邱（Qiu）等人研究了一类具有区间时滞的不确定神经网络的全局鲁棒稳定性问题[178]。据笔者所知，到目前为止很少有学者研究具有区间时滞和随机干扰的不确定双向联想记忆神经网络的稳定性问题。

在绝大多数已发表的论文中，随机分析问题和鲁棒稳定性问题是孤立的分别加以处理的。很少有研究成果考虑不确定随机神经网络的时滞区间稳定性的问题，因而可能导致得到一些保守的结果。

　　基于上述讨论，一类不确定随机神经网络的时滞区间相关鲁棒稳定性问题在本章被研究。参数不确定被假定为范数有界。同时，利用 Lyapunov 稳定性理论和 LMI 方法所导出的稳定性判定准则可以有效地利用数值软件 Matlab 的 LMI 控制工具箱加以验证[123]。本章最后的数值算例说明了导出的稳定性判定准则的有效性和较少的保守性。

2.2　问题描述

　　考虑如下带区间时滞的不确定随机神经网络模型：

$$
\begin{aligned}
\mathrm{d}x(t) = &\left[\left(-A(t)x(t)\right) + W_0(t)f(x(t)) + W_1(t)f(x(t-\tau(t)))\right]\mathrm{d}t \\
&+ \left[H_0(t)x(t) + H_1(t)x(t-\tau(t))\right]\mathrm{d}\omega(t)
\end{aligned}
\tag{2.1}
$$

其中，$x(t) = [x_1(t), x_2(t), \cdots, x_n(t)]^T \in R^n$ 是神经元状态向量，矩阵 $A(t) = A + \Delta A(t)$，$W_0(t) = W_0 + \Delta W_0(t)$，$W_1(t) = W_1 + \Delta W_1(t)$，$H_0(t) = H_0 + \Delta H_0(t)$ 和 $H_1(t) = H_1 + \Delta H_1(t)$，其中 $A = diag[a_1, a_2, \cdots, a_n] > 0$，$W_0, W_1 \in R^{n \times n}$ 是连接权矩阵，$H_0 \in R^{n \times n}$ 和 $H_1 \in R^{n \times n}$ 是已知实常数矩阵，$\Delta A_1(t), \Delta W_0(t), \Delta W_1(t), \Delta H_0(t)$ 和 $\Delta H_1(t)$ 表示不确定参数。$f(x(t)) = [f_1(x_1(t)), f_2(x_2(t)), \cdots, f_n(x_n(t))]^T \in R^n$ 为神经元激活函数向量，其中 $f(0) = 0$。$\omega(t) = [\omega_1(t), \omega_2(t), \cdots, \omega_m(t)]^T \in R^m$ 是一个定义在具有自然过滤 $\{\mathcal{F}_t\}_t \geqslant 0$ 的完备概率空间 $(\Omega, \mathcal{F}, P)$ 上的 m - 维的布朗运动（Brownian motion）。

　　为了导出主要结果，在本章有如下假设。

　　假设 2.1　神经元激活函数 $f(\cdot)$ 在实数域内有界，并且满足以下李普希茨（Lipschitz）条件

$$
|f(x) - f(y)| \leqslant |G(x-y)| \quad \forall x, y \in R
\tag{2.2}
$$

其中 $G \in R^{n \times n}$ 是已知常数矩阵。

假设 2.2 时滞 $\tau(t)$ 满足

$$0 \leqslant h_1 \leqslant \tau(t) \leqslant h_2, \dot{\tau}(t) \leqslant \tau_d < 1, \text{其中} h_1, h_2, \tau_d \text{为正常量} \quad (2.3)$$

假设 2.3 不确定参数 $\Delta A(t), \Delta W_0(t), \Delta W_1(t), \Delta H_0(t), \Delta H_1(t)$ 满足

$$\begin{bmatrix} \Delta A(t) & \Delta W_0(t) & \Delta W_1(t) & \Delta H_0(t) & \Delta H_1(t) \end{bmatrix} = DF(t) \begin{bmatrix} E_1 & E_2 & E_3 & E_4 & E_5 \end{bmatrix}$$

$$(2.4)$$

其中 $D, E_1, E_2, E_3, E_4, E_5$ 为已知具有适当维数的常矩阵。不确定矩阵 $F(t)$ 满足

$$F^T(t)F(t) \leqslant I, \quad \forall_t \in R \quad (2.5)$$

注 2.1 显然，当 $\tau_d = 0$ 即 $h_1 = h_2$ 时，这意味着 $\tau(t)$ 为常时滞，这种情况文献 [124] 已经研究；而当 $h_1 = 0$，则有 $0 \leqslant \tau(t) \leqslant h_2$，这种情况文献 [111] 已经研究。

注 2.2 在系统式 (2.1) 中，随机干扰项 $[H_0(t)x(t) + H_1(t)x(t - \tau(t))]d\omega(t)$ 是作用于神经元的随机干扰。在近期发表的文献 [108, 125 - 127] 中已出现这种处理随机神经网络的方法。

由伊藤微分公式（或广义伊藤公式）[128] 可知，对于广义随机系统 $dx(t) = g(x(t),t)dt + h(x(t),t)d\omega(t)$，在 $t \geqslant 0$ 时，满足初始条件 $x(t_0) = x_0 \in R^n$，其中 $\omega(t)$ 是定义在 $(\Omega, \mathcal{F}, \mathcal{P})$ 上的布朗运动，$g: R^n \times R^+ \to R^n$ 和 $h: R^n \times R^+ \to R^{n \times m}$。$V \in C^{2,1}(R^n \times R^+; R^+)$，算子 $\mathcal{L}V$ 从 $R^n \times R^+$ 到 R 定义如下：

$$\mathcal{L}V(x,t) = V_t(x,t) + V_x(x,t)g(x,t) + \frac{1}{2}trace[h^T(x,t)V_{xx}(x,t)h(x,t)]$$

其中，

$$V_t(x,t) = \frac{\partial V(x,t)}{\partial t}$$

$$V_x(x,t) = \left(\frac{\partial V(x,t)}{\partial x_1}, \cdots, \frac{\partial V(x,t)}{\partial x_n} \right)$$

$$V_{xx}(x,t) = \left(\frac{\partial^2 V(x,t)}{\partial x_i \partial x_j} \right)_{n \times n}, i,j = 1,2,\cdots,n$$

现在，给出如下关于不确定随机神经网络的全局渐近鲁棒稳定性的定义。

定义 2.1　时滞神经网络式（2.1）的平衡点对于允许范围内的不确定参数在均方意义下是全局渐近鲁棒稳定的，如果以下条件成立：

$$\lim_{t \to \infty} E \, |x(t;\xi)|^2 = 0, \quad \forall\, t > 0 \qquad (2.6)$$

以下是本章在推导基于线性矩阵不等式（LMI）的稳定性判定准则的过程中，将用到的几个引理。

引理 2.1［舒尔（**Schur**）补充条件］　对给定的常对称阵 $\sum_1$，$\sum_2$，$\sum_3$，若 $\sum_1 = \sum_1^T$ 且 $0 < \sum_2 = \sum_2^T$，那么 $\sum_1 + \sum_3^T \sum_2^{-1} \sum_3 < 0$，当且仅当

$$\begin{bmatrix} \sum_1 & \sum_3^T \\ \sum_3 & -\sum_2 \end{bmatrix} < 0, \text{ 或 } \begin{bmatrix} -\sum_2 & \sum_3 \\ \sum_3^T & \sum_1 \end{bmatrix} < 0。$$

引理 2.2　对任意矩阵 D，E，$F \in R^{n \times m}$，当 $F^T F \leqslant I$ 且 ε 为正常数，则以下不等式成立：

$$DFE + E^T F^T D^T \leqslant \varepsilon D^T D + \varepsilon^{-1} E^T E$$

引理 2.3　对任意常对称阵 $M \in R^{n \times n}$，$M = M^T > 0$，当常数 $\gamma > 0$，向量函数 $\omega:[0,\gamma] \to R^n$ 使积分有明确定义，则以下不等式成立：

$$\left[\int_0^\gamma \omega(s)\,\mathrm{d}s \right]^T M \left[\int_0^\gamma \omega(s)\,\mathrm{d}s \right] \leqslant \gamma \int_0^\gamma \omega^T(s) M \omega(s)\,\mathrm{d}s$$

2.3 主要结论与证明

定理 2.1 随机神经网络式（2.1）在均方意义下是全局渐近鲁棒稳定的，如果存在正定矩阵 Q，M_1，M_2 和 Z，正常量 ε_1，ε_2，δ 和 λ，使得下面的 LMI 成立：

$$
\Xi = \begin{bmatrix}
\Xi_{11} & \varepsilon_2 E_4^T E_5 & \begin{matrix} PW_0 - \\ \varepsilon_1 E_1^T E_2 \end{matrix} & \begin{matrix} PW_1 - \\ \varepsilon_1 E_1^T E_3 \end{matrix} & 0 & 0 & 0 & H_0^T P & PD & 0 \\
* & \Xi_{22} & 0 & 0 & 0 & 0 & 0 & H_1^T P & 0 & 0 \\
* & * & \begin{matrix} -\delta I + \\ \varepsilon_1 E_2^T E_2 \end{matrix} & \varepsilon_1 E_2^T E_3 & 0 & 0 & 0 & 0 & 0 & 0 \\
* & * & * & \begin{matrix} -\lambda I + \\ \varepsilon_1 E_3^T E_3 \end{matrix} & 0 & 0 & 0 & 0 & 0 & 0 \\
* & * & * & * & -M_1 & 0 & 0 & 0 & 0 & 0 \\
* & * & * & * & * & -M_2 & 0 & 0 & 0 & 0 \\
* & * & * & * & * & * & \begin{matrix} -(h_2 - \\ h_1)^{-1} Z \end{matrix} & 0 & 0 & 0 \\
* & * & * & * & * & * & * & -P & 0 & PD \\
* & * & * & * & * & * & * & * & -\varepsilon_1 I & 0 \\
* & * & * & * & * & * & * & * & * & -\varepsilon_2 I
\end{bmatrix} < 0
$$

$$(2.7)$$

其中，

$$
\Xi_{11} = -PA(t) - A^T(t)P + M_1 + M_2 + Q + (h_2 - h_1)Z \\
+ \delta G^T G + \varepsilon_1 E_1^T E_1 + \varepsilon_2 E_4^T E_4,
$$

$$
\Xi_{22} = -(1 - \tau_d)Q + \lambda G^T G + \varepsilon_2 E_5^T E_5
$$

证明：利用引理 2.1（舒尔补充条件），$\Xi < 0$ 等价于

$$
\Xi = \begin{bmatrix}
\Gamma_{11} & 0 & PW_0 & PW_1 & 0 & 0 & 0 & H_0^T P \\
* & \Gamma_{22} & 0 & 0 & 0 & 0 & 0 & H_1^T P \\
* & * & -\delta I & 0 & 0 & 0 & 0 & 0 \\
* & * & * & -\lambda I & 0 & 0 & 0 & 0 \\
* & * & * & * & -M_1 & 0 & 0 & 0 \\
* & * & * & * & * & -M_2 & 0 & 0 \\
* & * & * & * & * & * & -(h_2-h_1)^{-1}Z & 0 \\
* & * & * & * & * & * & * & -P^{-1}
\end{bmatrix}
$$

$$
+\varepsilon_1 \begin{bmatrix} -E_1^T \\ 0 \\ E_2^T \\ E_3^T \\ 0 \\ 0 \\ 0 \\ 0 \end{bmatrix}\begin{bmatrix} -E_1^T \\ 0 \\ E_2^T \\ E_3^T \\ 0 \\ 0 \\ 0 \\ 0 \end{bmatrix}^T + \varepsilon_1^{-1}\begin{bmatrix} PD \\ 0 \\ 0 \\ 0 \\ 0 \\ 0 \\ 0 \\ 0 \end{bmatrix}\begin{bmatrix} PD \\ 0 \\ 0 \\ 0 \\ 0 \\ 0 \\ 0 \\ 0 \end{bmatrix}^T + \varepsilon_2 \begin{bmatrix} E_4^T \\ E_5^T \\ 0 \\ 0 \\ 0 \\ 0 \\ 0 \\ 0 \end{bmatrix}\begin{bmatrix} E_4^T \\ E_5^T \\ 0 \\ 0 \\ 0 \\ 0 \\ 0 \\ 0 \end{bmatrix}^T + \varepsilon_2^{-1}\begin{bmatrix} 0 \\ 0 \\ 0 \\ 0 \\ 0 \\ 0 \\ 0 \\ PD \end{bmatrix}\begin{bmatrix} 0 \\ 0 \\ 0 \\ 0 \\ 0 \\ 0 \\ 0 \\ PD \end{bmatrix}^T < 0
$$

$$(2.8)$$

其中，

$$\Gamma_{11} = -PA - A^T P + M_1 + M_2 + Q + (h_2-h_1)Z + \delta G^T G,$$

$$\Gamma_{22} = -(1-\tau_d)Q + \lambda G^T G$$

注意到式（2.4）和式（2.5），利用引理 2.2，有

$$
\begin{bmatrix}
-P\Delta A(t) - \Delta A^T(t)P & 0 & P\Delta W_0(t) & P\Delta W_1(t) & 0 & 0 & 0 & \Delta H_0^T(t)P \\
* & & 0 & 0 & 0 & 0 & 0 & \Delta H_1^T(t)P \\
* & * & 0 & 0 & 0 & 0 & 0 & 0 \\
* & * & * & 0 & 0 & 0 & 0 & 0 \\
* & * & * & * & 0 & 0 & 0 & 0 \\
* & * & * & * & * & 0 & 0 & 0 \\
* & * & * & * & * & * & 0 & 0 \\
* & * & * & * & * & * & * & 0
\end{bmatrix}
$$

$$= \begin{bmatrix} -E_1^T \\ 0 \\ E_2^T \\ E_3^T \\ 0 \\ 0 \\ 0 \\ 0 \end{bmatrix} F^T(t) \begin{bmatrix} PD \\ 0 \\ 0 \\ 0 \\ 0 \\ 0 \\ 0 \\ 0 \end{bmatrix}^T + \begin{bmatrix} PD \\ 0 \\ 0 \\ 0 \\ 0 \\ 0 \\ 0 \\ 0 \end{bmatrix} F(t) \begin{bmatrix} -E_1^T \\ 0 \\ E_2^T \\ E_3^T \\ 0 \\ 0 \\ 0 \\ 0 \end{bmatrix}^T + \begin{bmatrix} E_4^T \\ E_5^T \\ 0 \\ 0 \\ 0 \\ 0 \\ 0 \\ 0 \end{bmatrix} F(t) \begin{bmatrix} 0 \\ 0 \\ 0 \\ 0 \\ 0 \\ 0 \\ 0 \\ PD \end{bmatrix}^T$$

$$+ \begin{bmatrix} 0 \\ 0 \\ 0 \\ 0 \\ 0 \\ 0 \\ 0 \\ PD \end{bmatrix} F(t) \begin{bmatrix} E_4^T \\ E_5^T \\ 0 \\ 0 \\ 0 \\ 0 \\ 0 \\ 0 \end{bmatrix}^T \leqslant \varepsilon_1 \begin{bmatrix} -E_1^T \\ 0 \\ E_2^T \\ E_3^T \\ 0 \\ 0 \\ 0 \\ 0 \end{bmatrix} \begin{bmatrix} -E_1^T \\ 0 \\ E_2^T \\ E_3^T \\ 0 \\ 0 \\ 0 \\ 0 \end{bmatrix}^T + \varepsilon_1^{-1} \begin{bmatrix} PD \\ 0 \\ 0 \\ 0 \\ 0 \\ 0 \\ 0 \\ 0 \end{bmatrix} \begin{bmatrix} PD \\ 0 \\ 0 \\ 0 \\ 0 \\ 0 \\ 0 \\ 0 \end{bmatrix}^T$$

$$+ \varepsilon_2 \begin{bmatrix} E_4^T \\ E_5^T \\ 0 \\ 0 \\ 0 \\ 0 \\ 0 \\ 0 \end{bmatrix} \begin{bmatrix} E_4^T \\ E_5^T \\ 0 \\ 0 \\ 0 \\ 0 \\ 0 \\ 0 \end{bmatrix}^T + \varepsilon_2^{-1} \begin{bmatrix} 0 \\ 0 \\ 0 \\ 0 \\ 0 \\ 0 \\ 0 \\ PD \end{bmatrix} \begin{bmatrix} 0 \\ 0 \\ 0 \\ 0 \\ 0 \\ 0 \\ 0 \\ PD \end{bmatrix}^T$$

因此，可得

$$
\begin{bmatrix}
\sum_{11} & 0 & PW_0(t) & PW_1(t) & 0 & 0 & 0 & H_0^T(t)P \\
* & \sum_{22} & 0 & 0 & 0 & 0 & 0 & H_1^T(t)P \\
* & * & -\delta I & 0 & 0 & 0 & 0 & 0 \\
* & * & * & -\lambda I & 0 & 0 & 0 & 0 \\
* & * & * & * & -M_1 & 0 & 0 & 0 \\
* & * & * & * & * & -M_2 & 0 & 0 \\
* & * & * & * & * & * & -(h_2-h_1)^{-1}Z & 0 \\
* & * & * & * & * & * & * & -P
\end{bmatrix} < 0
$$

$$(2.9)$$

再次利用舒尔补充条件，可得

$$
\sum = \begin{bmatrix}
\sum_{11} & 0 & PW_0(t) & PW_1(t) & 0 & 0 & 0 \\
* & \sum_{22} & 0 & 0 & 0 & 0 & 0 \\
* & * & -\delta I & 0 & 0 & 0 & 0 \\
* & * & * & -\lambda I & 0 & 0 & 0 \\
* & * & * & * & -M_1 & 0 & 0 \\
* & * & * & * & * & -M_2 & 0 \\
* & * & * & * & * & * & -(h_2-h_1)^{-1}Z
\end{bmatrix}
$$

$$+ \varkappa(t)P\varkappa(t)^T \tag{2.10}$$

$$< 0$$

其中，

$$\sum{}_{11} = -PA(t) - A^T(t)P + M_1 + M_2 + Q + (h_2-h_1)Z + \delta G^T G,$$

$$\sum{}_{22} = -(1-\tau_d)Q + \lambda G^T G,$$

$$\varkappa(t) = \begin{bmatrix} H_0(t) & H_1(t) & 0 & 0 & 0 \end{bmatrix}^T$$

为了导出结论，定义如下李雅普诺夫 – 克拉索夫斯基泛函：

$$V(x(t)) = x^T(t)Px(t) + \int_{t-\tau(t)}^t x^T(s)Qx(s)\,\mathrm{d}s + \int_{t-h_1}^t x^T(s)M_1x(s)\,\mathrm{d}s$$

$$+ \int_{t-h_2}^{t} x^T(s)M_2 x(s)\,\mathrm{d}s + \int_{-h_2}^{-h_1}\int_{t+\theta}^{t} x^T(s)Zx(s)\,\mathrm{d}s\mathrm{d}\theta \quad (2.11)$$

利用伊藤微分公式[128]，沿着系统式（2.1）解的轨迹，对 $V(x(t))$ 求时间的导数，计算如下：

$$\begin{aligned}
\mathrm{d}V(x(t)) =& \{2x^T(t)P[-A(t)x(t) + W_0(t)f(x(t))\\
&+ W_1(t)f(x(t-\tau(t)))] + x^T(t)Qx(t)\\
&- (1-\dot{\tau}(t))x^T(t-\tau(t))Qx(t-\tau(t))\\
&+ x^T(t)M_1 x(t) - x^T(t-h_1)M_1 x(t-h_1)\\
&+ x^T(t)M_2 x(t) - x^T(t-h_2)M_2 x(t-h_2)\\
&+ (h_2-h_1)x^T(t)Zx(t) - \int_{t-h_2}^{t-h_1} x^T(s)Zx(s)\,\mathrm{d}s\\
&+ [H_0(t)x(t) + H_1(t)x(t-\tau(t))]^T P[H_0(t)x(t)\\
&+ H_1(t)x(t-\tau(t))]\}\mathrm{d}t + \{2x^T(t)P[H_0(t)x(t)\\
&+ H_1(t)x(t-\tau(t))]\}\mathrm{d}\omega(t)\\
\leqslant& \{2x^T(t)P[-A(t)x(t) + W_0(t)f(x(t))\\
&+ W_1(t)f(x(t-\tau(t)))] + x^T(t)Qx(t)\\
&- (1-\tau_d)x^T(t-\tau(t))Qx(t-\tau(t))\\
&+ x^T(t)M_1 x(t) - x^T(t-h_1)M_1 x(t-h_1)\\
&+ x^T(t)M_2 x(t) - x^T(t-h_2)M_2 x(t-h_2)\\
&+ (h_2-h_1)x^T(t)Zx(t) - \int_{t-h_2}^{t-h_1} x^T(s)Zx(s)\,\mathrm{d}s\\
&+ [H_0(t)x(t) + H_1(t)x(t-\tau(t))]^T P[H_0(t)x(t)\\
&+ H_1(t)x(t-\tau(t))]\}\mathrm{d}t + \{2x^T(t)P[H_0(t)x(t)\\
&+ H_1(t)x(t-\tau(t))]\}\mathrm{d}\omega(t)
\end{aligned}$$

由式（2.2），容易得到以下不等式：

$$f^T(x(t))f(x(t)) - x^T(t)G^T Gx(t) \leqslant 0$$
$$f^T(x(t-\tau(t)))f(x(t-\tau(t))) - x^T(t-\tau(t))G^T Gx(t-\tau(t)) \leqslant 0$$

$$(2.12)$$

注意到对任意常量 $\delta > 0$ 和 $\lambda > 0$，存在

$$- \delta\big[f^T(x(t))f(x(t)) - x^T(t)G^TGx(t)\big] \geqslant 0$$

$$- \lambda\big[f^T(x(t-\tau(t)))f(x(t-\tau(t))) - x^T(t-\tau(t))G^TGx(t-\tau(t))\big] \geqslant 0$$

$$(2.13)$$

将式（2.13）代入 $\mathrm{d}V(x(t),t)$，同时利用引理 2.3，有

$$\mathrm{d}V(x(t),t) \leqslant \Big\{\xi^T(t) \sum \xi(t)\Big\}\mathrm{d}t + \Big\{2x^T(t)P\big[H_0(t)x(t)$$

$$+ H_1(t)x(t-\tau(t))\big]\Big\}\mathrm{d}\omega(t)$$

其中 $\sum$ 已在式（2.10）中给出，同时

$$\xi^T(t) = \Big[\, x^T(t) \quad x^T(t-\tau(t)) \quad f^T(x(t)) \quad f^T(x(t-\tau(t))) \quad x^T(t-h_1)$$

$$x^T(t-h_2) \quad \Big(\int_{t-h_2}^{t-h_1}x(s)\mathrm{d}s\Big)^T\,\Big]$$

显然，当 $\sum < 0$ 时，存在一个常量 $\gamma > 0$ 满足 $\sum + diag\{\gamma I, 0, 0, 0, 0, 0, 0, 0\} < 0$，则有

$$\mathrm{d}V(x(t),t) \leqslant \gamma \|x(t)\|^2\mathrm{d}t + \Big\{2x^T(t)P\big[H_0(t)x(t)$$

$$+ H_1(t)x(t-\tau(t))\big]\Big\}\mathrm{d}\omega(t)$$

$$(2.14)$$

对式（2.14）的两边求数学期望，得

$$\frac{\mathrm{d}EV(x(t),t)}{\mathrm{d}t} \leqslant -\gamma E\|x(t)\|^2 \qquad (2.15)$$

由李雅普诺夫稳定性理论可知，时滞随机神经网络（2.1）在均方意义下是全局渐近鲁棒稳定的。

注 2.3　由定理 2.1 可知，如果线性矩阵不等式（2.7）有可行解，则能确保所研究时滞随机神经网络式（2.1）是全局渐近鲁棒稳定的。由于系统的稳定性充分条件式（2.7）以 LMI 形式给出，通过该形式，可以方便地利用现有 Matlab 软件工具箱很直观地检验式（2.7）的可行解。

注 2.4 应当指出，利用与证明定理 2.1 的相似方法，很容易导出时滞随机神经网络式（2.1）在定理 2.1 的相同条件下在均方意义下的指数稳定性充分条件。

基于定理 2.1 的证明，可以容易地导出以下两个推论。

情形 1 首先考虑无外部随机干扰的情形，则这种神经网络模型描述如下

$$dx(t) = [(-(A + \Delta A)x(t)) + (W_0 + \Delta W_0)f(x(t))$$
$$+ (W_1 + \Delta W_1)f(x(t - \tau(t)))]dt \qquad (2.16)$$

其中模型中的参数与式（2.1）相同。不确定参数 ΔA，ΔW_0，ΔW_1 满足假设 2.3。据此，可导出以下推论 2.1。

推论 2.1 神经网络式（2.16）是全局渐近鲁棒稳定的，如果存在正定矩阵 P，Q，M_1，M_2 和 Z，正常量 ε_1，δ 和 λ，使得下面的 LMI 成立：

$$\begin{bmatrix} (1,1) & 0 & P \times W0 - \varepsilon_1 E_1^T E_2 & P \times W1 - \varepsilon_1 E_1^T E_3 & 0 & 0 & 0 & PD \\ * & (2,2) & 0 & 0 & 0 & 0 & 0 & 0 \\ * & * & -\delta I + \varepsilon_1 E_2^T E_2 & \varepsilon_1 E_2^T E_3 & 0 & 0 & 0 & 0 \\ * & * & * & -\lambda I + \varepsilon_1 E_3^T E_3 & 0 & 0 & 0 & 0 \\ * & * & * & * & -M_1 & 0 & 0 & 0 \\ * & * & * & * & * & -M_2 & 0 & 0 \\ * & * & * & * & * & * & -(h_2 - h_1)^{-1}Z & 0 \\ * & * & * & * & * & * & * & -\varepsilon_1 I \end{bmatrix} < 0$$

$$(2.17)$$

其中，

$$(1,1) = - PA(t) - A^T(t)P + M_1 + M_2 + Q + (h_2 - h_1)Z + \delta G^T G + \varepsilon_1 E_1^T E_1$$

$$(2,2) = - (1 - \tau_d)Q + \lambda G^T G$$

推论 2.1 的证明较为简单，故在此省略。

情形 2 考虑无参数不确定的情形，这种神经网络模型描述如下

$$
\begin{aligned}
\mathrm{d}x(t) = & \left[(- Ax(t)) + W_0 f(x(t)) + W_1 f(x(t - \tau(t))) \right] \mathrm{d}t \\
& + \left[H_0(t)x(t) + H_1(t)x(t - \tau(t)) \right] \mathrm{d}\omega(t)
\end{aligned} \tag{2.18}
$$

其中模型中的参数与等式（2.1）相同。据此，可导出以下推论2.2。

推论 2.2 神经网络式（2.18）在均方意义下是全局渐近鲁棒稳定的，如果存在正定矩阵 P，Q，M_1，M_2 和 Z，正常量 ε_2，δ 和 λ，使得下面的 LMI 成立：

$$
\begin{bmatrix}
(1,1) & \varepsilon_2 E_4^T E_5 & P \times W0 & P \times W1 & 0 & 0 & 0 & H_0^T P & PD \\
* & (2,2) & 0 & 0 & 0 & 0 & 0 & H_1^T P & 0 \\
* & * & -\delta I & 0 & 0 & 0 & 0 & 0 & 0 \\
* & * & * & -\lambda I & 0 & 0 & 0 & 0 & 0 \\
* & * & * & * & -M_1 & 0 & 0 & 0 & 0 \\
* & * & * & * & * & -M_2 & 0 & 0 & 0 \\
* & * & * & * & * & * & -(h_2 - h_1)^{-1}Z & 0 & 0 \\
* & * & * & * & * & * & * & -P & 0 \\
* & * & * & * & * & * & * & * & -\varepsilon_2 I
\end{bmatrix} < 0
\tag{2.19}
$$

其中，

$$(1,1) = - PA(t) - A^T(t)P + M_1 + M_2 + Q + (h_2 - h_1)Z + \delta G^T G + \varepsilon_2 E_4^T E_4$$

$$(2,2) = - (1 - \tau_d)Q + \lambda G^T G + \varepsilon_2 E_5^T E_5$$

推论 2.2 的证明也较为简单，故在此省略。

2.4 数值仿真算例

在本节中，将通过三个数值算例来验证本章所得结果的有效性和较少保守性。

例 2.1 考虑如下形式的双神经元不确定时滞神经网络模型：

$$dx(t) = \big[-(A + DF(t)E_1)x(t)) + (W_0 + DF(t)E_2)f(x(t))$$
$$+ (W_1 + DF(t)E_3)f(x(t - \tau(t))) \big]dt \qquad (2.20)$$

系数矩阵为：

$$A = \begin{bmatrix} 1.2 & 0 \\ 0 & 1.15 \end{bmatrix}, W_0 = 0, W_1 = \begin{bmatrix} 0.4 & -1 \\ -1.4 & 0.4 \end{bmatrix},$$

$$D = \begin{bmatrix} 1.2 & 0 \\ 0 & 1.2 \end{bmatrix}, E_1 = \begin{bmatrix} 0.2 & 0 \\ 0 & 0.2 \end{bmatrix}, E_2 = 0, E_3 = \begin{bmatrix} 0.2 & 0 \\ 0 & 0.2 \end{bmatrix},$$

$$G = \begin{bmatrix} 0.5 & 0 \\ 0 & 0.5 \end{bmatrix}, \tau_d = 0, h_1 = 0, h_2 = 0.8, F^T(t)F(t) \leqslant I$$

通过 LMI 工具箱求解推论 2.1 中的式（2.17），能够判定系统式（2.20）是全局渐近鲁棒稳定的。所得的一个可行解如下：

$$P = \begin{bmatrix} 647.0508 & 147.4803 \\ 147.4803 & 464.9835 \end{bmatrix}, Q = \begin{bmatrix} 367.5690 & 28.7569 \\ 28.7569 & 316.5836 \end{bmatrix},$$

$$M_1 = \begin{bmatrix} 125.8507 & 46.4949 \\ 46.4949 & 42.9066 \end{bmatrix}, M_2 = \begin{bmatrix} 125.8507 & 46.4949 \\ 46.4949 & 42.9066 \end{bmatrix},$$

$$Z = \begin{bmatrix} 141.3326 & 51.2410 \\ 51.2410 & 49.9180 \end{bmatrix}, \varepsilon_1 = 1.9381e + 003,$$

$$\delta = 104.3976, \lambda = 1.1677e + 003$$

应当指出，在相同的条件下，应用文献［108］中的稳定性判定条件却无法得到可行解，即不能判定系统式（2.20）是否稳定。因此，本章结论与文献［108］中的相比，具有较少的保守性。

例 2.2　考虑如下形式的三神经元不确定时滞随机神经网络模型：

$$\begin{aligned}
\mathrm{d}x(t) = & \big[-(A + DF(t)E_1)x(t) + (W_0 + DF(t)E_2)f(x(t))\mathrm{d}t \\
& + (W_1 + DF(t)E_3)f(x(t-\tau(t)))\big]\mathrm{d}t + \big[(DF(t)E_4)x(t) \\
& + (DF(t)E_5)x(t-\tau(t)))\big]\mathrm{d}\omega(t)
\end{aligned} \tag{2.21}$$

系数矩阵为：

$$A = \begin{bmatrix} 2.2 & 0 & 0 \\ 0 & 2.4 & 0 \\ 0 & 0 & 2.6 \end{bmatrix}, W_0 = 0, W_1 = \begin{bmatrix} 0.3 & -1.8 & 0.5 \\ -1.1 & 1.6 & 1.1 \\ 0.6 & 0.4 & -0.3 \end{bmatrix},$$

$$D = \begin{bmatrix} 0.1 & 0 & 0 \\ 0 & 0.5 & 0 \\ 0 & 0 & 0.3 \end{bmatrix}, G = \begin{bmatrix} 0.5 & 0 & 0 \\ 0 & 0.5 & 0 \\ 0 & 0 & 0.5 \end{bmatrix}, E_1 = \begin{bmatrix} 0.6 & 0 & 0 \\ 0 & 0.6 & 0 \\ 0 & 0 & 0.6 \end{bmatrix},$$

$$E_2 = 0, E_3 = E_4 = E_5 = \begin{bmatrix} 0.2 & 0 & 0 \\ 0 & 0.2 & 0 \\ 0 & 0 & 0.2 \end{bmatrix},$$

$H_0 = H_1 = 0, \tau_d = 0, h_1 = 0, h_2 = 0.8, F^T(t)F(t) \leqslant I$

通过 LMI 工具箱求解定理 2.1 中的式（2.7），能够判定系统式（2.21）在均方意义下是全局渐近鲁棒稳定的。所得的一个可行解如下：

$$P = \begin{bmatrix} 2.4593 & 0.3383 & 0.0176 \\ 0.3383 & 2.0609 & -0.0189 \\ 0.0176 & -0.0189 & 2.3740 \end{bmatrix}, Q = \begin{bmatrix} 2.6145 & 0.4060 & 0.1464 \\ 0.4060 & 2.3737 & 0.0786 \\ 0.1464 & 0.0786 & 3.2180 \end{bmatrix},$$

$$M_1 = \begin{bmatrix} 1.2430 & 0.5557 & 0.1646 \\ 0.5557 & 0.9201 & 0.0838 \\ 0.1646 & 0.0838 & 1.9978 \end{bmatrix}, M_2 = \begin{bmatrix} 1.2430 & 0.5557 & 0.1646 \\ 0.5557 & 0.9201 & 0.0838 \\ 0.1646 & 0.0838 & 1.9978 \end{bmatrix},$$

$$Z = \begin{bmatrix} 1.2171 & 0.4941 & 0.1173 \\ 0.4941 & 0.9314 & 0.0547 \\ 0.1173 & 0.0547 & 1.8238 \end{bmatrix}, \varepsilon_1 = 1.8892, \varepsilon_2 = 2.0307,$$

$$\delta = 1.4530, \lambda = 6.6978$$

此外，根据文献［108］和文献［109］的结论可知，其系统的稳定性判据依赖于常时滞 τ 的大小。当 $\tau = 0.8$ 时，文献［108］的结论可以判定上述系统在均方意义下是全局渐近稳定的。然而，应用定理2.1中的稳定性判据可知，对于任意常时滞 $\tau(t) = h_2$，在本例中描述的系统在均方意义下都是全局渐近鲁棒稳定的。

例 2.3 考虑如下形式的三神经元不确定时滞随机神经网络模型：

$$\begin{aligned} dx(t) = & \big[-(A + DF(t)E_1)x(t) + (W_0 + DF(t)E_2)f(x(t))dt \\ & + (W_1 + DF(t)E_3)f(x(t - \tau(t)))\big]dt + \big[(DF(t)E_4)x(t) \\ & + (DF(t)E_5)x(t - \tau(t)))\big]d\omega(t) \end{aligned} \quad (2.22)$$

系数矩阵为：

$$A = \begin{bmatrix} 2.2 & 0 & 0 \\ 0 & 2.4 & 0 \\ 0 & 0 & 2.6 \end{bmatrix}, W_0 = \begin{bmatrix} -0.2 & -1 & 0.1 \\ -0.4 & 0.4 & 0.2 \\ 0.3 & 0.3 & -0.1 \end{bmatrix},$$

$$W_1 = \begin{bmatrix} 0.3 & -1.8 & 0.5 \\ -1.1 & 1.6 & 1.1 \\ 0.6 & 0.4 & -0.3 \end{bmatrix}, D = \begin{bmatrix} 0.1 & 0 & 0 \\ 0 & 0.5 & 0 \\ 0 & 0 & 0.3 \end{bmatrix},$$

$$G = \begin{bmatrix} 0.5 & 0 & 0 \\ 0 & 0.5 & 0 \\ 0 & 0 & 0.5 \end{bmatrix}, E_1 = 0.6I,$$

$$E_2 = E_3 = E_4 = E_5 = 0.2I, H_0 = H_1 = 0.1I,$$

$$\tau_d = 0.2, h_1 = 0.6, h_2 = 2.2, F^T(t)F(t) \leqslant I$$

再次利用LMI工具箱求解定理2.1中的式（2.7），所得的一个可行解如下：

$$
P = \begin{bmatrix} 18.8303 & 3.7692 & 1.3029 \\ 3.7692 & 16.8954 & -0.0204 \\ 1.3029 & -0.0204 & 21.9255 \end{bmatrix}, \quad Q = \begin{bmatrix} 23.1985 & 2.6038 & 2.1214 \\ 2.6038 & 23.3196 & 0.8689 \\ 2.1214 & 0.8689 & 29.7855 \end{bmatrix},
$$

$$
M_1 = \begin{bmatrix} 4.7590 & 4.0485 & 2.6036 \\ 4.0485 & 4.6726 & 0.8500 \\ 2.6036 & 0.8500 & 13.4320 \end{bmatrix}, \quad M_2 = \begin{bmatrix} 4.7590 & 4.0485 & 2.6036 \\ 4.0485 & 4.6726 & 0.8500 \\ 2.6036 & 0.8500 & 13.4320 \end{bmatrix},
$$

$$
Z = \begin{bmatrix} 4.2834 & 3.5861 & 3.3546 \\ 3.5861 & 3.9490 & 1.4915 \\ 3.3546 & 1.4915 & 14.2905 \end{bmatrix}, \quad \varepsilon_1 = 10.9220, \quad \varepsilon_2 = 7.5188,
$$

$$
\delta = 27.4836, \quad \lambda = 61.3745
$$

由定理 2.1 可知，系统式（2.22）在均方意义下是全局渐近鲁棒稳定的。由于本例中的时滞随时间 t 变化（即时变时滞），文献 [108，127] 中的稳定性判定准则不能适用于本例。

2.5　本章小结

本章研究了一类不确定时滞随机神经网络的全局渐近稳定性和全局鲁棒稳定性问题。通过假设模型中的不确定参数是范数有界的，得到了一些新的稳定性判定准则。通过这些准则，可以判定时滞神经网络在均方意义下是否是全局渐近稳定的和全局鲁棒稳定的。稳定性判定准则都以线性矩阵不等式（LMI）形式给出，便于利用现有软件工具箱进行验证。最后，三个数值算例验证了主要结论的有效性。

第 3 章

带区间时滞的不确定随机神经网络的
全局渐近鲁棒稳定性

本章研究了一类带区间时变时滞的不确定随机神经网络的全局渐近鲁棒稳定性问题。模型中的不确定参数被假设为范数有界，时滞因素被假设为区间时变时滞。基于这些条件，得到了几个在均方意义下新的稳定性判定准则。最后通过数值算例验证了所得理论结果的有效性。

3.1 模型建立和预备知识

研究如下带区间时变时滞的随机神经网络模型：

$$\begin{cases} dx(t) = [(-Ax(t)) + W_0 f(x(t)) + W_1 f(x(t-\tau(t)))]dt \\ \qquad + \sigma(t,x(t),x(t-\tau(t)))d\omega(t) \\ x(t) = \phi(t), t \in [-h_2, 0] \end{cases} \quad (3.1)$$

其中，$x(t) = [x_1(t), x_2(t), \cdots, x_n(t)]^T$ 是状态向量，$f(x(t)) = [f_1(x_1(t)), f_2(x_2(t)), \cdots, f_n(x_n(t))]y^T \in R^n$ 为激活函数向量，其中 $f(0) = 0$。$A = diag\{a_1, a_2, \cdots, a_n\}$ 为正定对角矩阵，$W_0 = (w_{0ij})_{n \times n}$ 是状态反馈矩阵，

$W_1 = (w_{1ij})_{n \times n}$ 是状态时滞反馈矩阵。$\omega(t) = [\omega_1(t), \omega_2(t), \cdots, \omega_m(t)]^T \in R^m$ 是一个定义在具有自然过滤 $\{\mathcal{F}_t\}_t \geqslant 0$ 的完备概率空间 $(\Omega, \mathcal{F}, P)$ 上的布朗运动。$\sigma(t, x(t), x(t - \tau(t)))\mathrm{d}\omega(t)$ 为局部利普希茨连续且满足线性增长条件。假设系统满足如下条件：

假设 3.1　激活函数 $f(\cdot)$ 在实数域内有界，并且存在正定对角矩阵 $L = diag\{l_1, l_2, \cdots, l_n\} > 0$，使得

$$0 \leqslant \frac{f_i(x) - f_i(y)}{x - y} \leqslant l_i, \quad \forall x \neq y, \quad i = 1, 2, \cdots, n \tag{3.2}$$

假设 3.2　时滞 $\tau(t)$ 满足

$$0 \leqslant h_1 \leqslant \tau(t) \leqslant h_2, \quad \dot{\tau}(t) \leqslant \tau_d < 1, \text{其中} h_1, h_2, \tau_d \text{为正常量} \tag{3.3}$$

假设 3.3　不确定参数 ΔA，ΔW_0，ΔW_1 满足

$$\begin{bmatrix} \Delta A & \Delta W_0 & \Delta W_1 \end{bmatrix} = HF(t) \begin{bmatrix} E & E_0 & E_1 \end{bmatrix} \tag{3.4}$$

其中 H，E，E_0，E_1 为已知具有适当维数的常矩阵。不确定矩阵 $F(t)$ 满足

$$F^T(t)F(t) \leqslant I, \forall_t \in R \tag{3.5}$$

注 3.1　在系统式 (3.1) 中，随机干扰项 $\sigma(t, x(t), x(t - \tau(t)))\mathrm{d}\omega(t)$ 是作用于神经元状态的随机干扰。在近期发表的文献 [108, 124, 127 - 128] 中已出现这种有关随机神经网络的处理方法。

以下是本章在推导过程中将用到的几个引理。

引理 3.1 [舒尔补充条件]　对给定的常对称阵 $\sum_1$, $\sum_2$, $\sum_3$, 若 $\sum_1 = \sum_1^T$ 且 $0 < \sum_2 = \sum_2^T$, 那么 $\sum_1 + \sum_3^T \sum_2^{-1} \sum_3 < 0$, 当且仅当

$$\begin{bmatrix} \sum_1 & \sum_3^T \\ \sum_3 & -\sum_2 \end{bmatrix} < 0, \text{或} \begin{bmatrix} -\sum_2 & \sum_3 \\ \sum_3^T & \sum_1 \end{bmatrix} < 0。$$

引理 3.2 对任意矩阵 D，E，$F \in R^{n \times m}$，当 $F^T F \leqslant I$ 且 ε 为正常数，则以下不等式成立：

$$DFE + E^T F^T D^T \leqslant \varepsilon D^T D + \varepsilon^{-1} E^T E。$$

引理 3.3 对任意常对称阵 $M \in R^{n \times n}$，$M = M^T > 0$，当常数 $\gamma > 0$，向量函数 $\omega : [0, \gamma] \to R^n$ 使积分有明确定义，则以下不等式成立：

$$\left[\int_0^\gamma \omega(s) \, ds \right]^T M \left[\int_0^\gamma \omega(s) \, ds \right] \leqslant \gamma \int_0^\gamma \omega^T(s) M \omega(s) \, ds$$

3.2 带区间时滞的随机神经网络的全局渐近稳定性

定理 3.1 假设存在矩阵 $P > 0$，$D_0 > 0$ 和 $D_1 > 0$ 满足

$$trace \left[\sigma^T(t, x(t), x(t - \tau(t)))(P + k_0 I) \sigma(t, x(t), x(t - \tau(t))) \right]$$

$$\leqslant x^T(t) D_0 x(t) + x^T(t - \tau(t)) D_1 x(t - \tau(t)) \tag{3.6}$$

则随机神经网络式（3.1）在均方意义下是全局渐近稳定的，如果存在正定矩阵 Q，M_1，M_2 和 Z，正定对角矩阵 $L = diag\{l_1, l_2, \cdots, l_i\}$，$K = diag\{k_1, k_2, \cdots, k_i\}$，其中 $i = 1, 2, \cdots, n$，$k_0 = \sum_{i=1}^n k_i$，常量 h_1，$h_2 > 0$，使得式（3.7）成立：

$$\Xi = \begin{bmatrix} \Xi_{11} & \Xi_{12} & 0 & 0 & 0 & 0 \\ * & \Xi_{22} & 0 & 0 & 0 & 0 \\ * & * & -M_1 & 0 & 0 & 0 \\ * & * & * & -M_2 & 0 & 0 \\ * & * & * & * & -2KAL^{-1} & 0 \\ * & * & * & * & * & -(h_2 - h_1)^{-1} Z \end{bmatrix} < 0$$

$$\tag{3.7}$$

其中：

$$\Xi_{11} = -2PA + M_1 + M_2 + Q + (h_2 - h_1)Z + 2PW_0L + 2L^TKW_0L + D_0$$

$$\Xi_{12} = PW_1L + L^TKW_1L$$

$$\Xi_{22} = -(1 - \tau_d)Q + D_1$$

证明：构造如下的李雅普诺夫 – 克拉索夫斯基泛函：

$$V(x(t)) = \sum_{i=1}^{4} V_i(x(t)) \tag{3.8}$$

其中：

$$V_1(x(t)) = x^T(t)Px(t),$$

$$V_2(x(t)) = 2\sum_{i=1}^{n} k_i \int_0^{x_i} f_i(s)\,\mathrm{d}s,$$

$$V_3(x(t)) = \int_{t-\tau(t)}^{t} x^T(s)Qx(s)\,\mathrm{d}s + \int_{t-h_1}^{t} x^T(s)M_1x(s)\,\mathrm{d}s$$

$$+ \int_{t-h_2}^{t} x^T(s)M_2x(s)\,\mathrm{d}s$$

$$V_4(x(t)) = \int_{-h_2}^{-h_1}\int_{t+\theta}^{t} x^T(s)Zx(s)\,\mathrm{d}s\mathrm{d}\theta$$

利用伊藤微分公式[128]，沿着系统式（3.1）解的轨迹，对 $V(x(t))$ 求时间的导数，计算如下：

$$\mathcal{L}V_1 = 2x^T(t)P[-Ax(t) + W_0f(x(t)) + W_1f(x(t-\tau(t)))]$$

$$+ trace[\sigma^T(t,x(t),x(t-\tau(t)))P\sigma(t,x(t),x(t-\tau(t)))] \tag{3.9}$$

$$\mathcal{L}V_2 = 2x^T(t)K[-Ax(t) + W_0f(x(t)) + W_1f(x(t-\tau(t)))]$$

$$+ trace[\sigma^T(t,x(t),x(t-\tau(t)))k_0I\sigma(t,x(t),x(t-\tau(t)))] \tag{3.10}$$

$$\mathcal{L}V_3 = x^T(t)Qx(t) - (1 - \dot{\tau}(t))x^T(t-\tau(t))Qx(t-\tau(t))$$

$$+ x^T(t)M_1x(t) - x^T(t-h_1)M_1x(t-h_1)$$

$$+ x^T(t)M_2 x(t) - x^T(t - h_2)M_2 x(t - h_2) \tag{3.11}$$

$$\mathcal{L}V_4 = (h_2 - h_1)x^T(t)Zx(t) - \int_{t-h_2}^{t-h_1} x^T(s)Zx(s)\,ds \tag{3.12}$$

利用引理 3.3，由式（3.9）~式（3.12）可导出

$$
\begin{aligned}
\mathcal{L}V &= \mathcal{L}V_1 + \mathcal{L}V_2 + \mathcal{L}V_3 + \mathcal{L}V_4 \\
&\leqslant 2x^T(t)P[-Ax(t) + W_0 f(x(t)) + W_1 f(x(t - \tau(t)))] \\
&\quad + trace[\sigma^T(t,x(t),x(t - \tau(t)))P\sigma(t,x(t),x(t - \tau(t)))] \\
&\quad + 2x^T(t)K[-Ax(t) + W_0 f(x(t)) + W_1 f(x(t - \tau(t)))] \\
&\quad + trace[\sigma^T(t,x(t),x(t - \tau(t)))k_0 I\sigma(t,x(t),x(t - \tau(t)))] \\
&\quad + x^T(t)Qx(t) - (1 - \tau_d)x^T(t - \tau(t))Qx(t - \tau(t)) \\
&\quad + x^T(t)M_1 x(t) - x^T(t - h_1)M_1 x(t - h_1) + x^T(t)M_2 x(t) \\
&\quad - x^T(t - h_2)M_2 x(t - h_2) + (h_2 - h_1)x^T(t)Zx(t) \\
&\quad - \int_{t-h_2}^{t-h_1} x^T(s)Zx(s)\,ds \\
&\leqslant x^T(t)[-2PA + M_1 + M_2 + Q + (h_2 - h_1)Z]x(t) \\
&\quad + 2x^T(t)PW_0 f(x(t)) + 2x^T(t)PW_1 f(x(t - \tau(t))) \\
&\quad - 2f^T(x(t))KAx(t) + 2f^T(x(t))KW_0 f(x(t)) \\
&\quad + 2f^T(x(t))KW_1 f(x(t - \tau(t))) - (1 - \tau_d)x^T(t - \tau(t))Qx(t - \tau(t)) \\
&\quad - x^T(t - h_1)M_1 x(t - h_1) - x^T(t - h_2)M_2 x(t - h_2) \\
&\quad - (h_2 - h_1)^{-1}\left(\int_{t-h_2}^{t-h_1} x(s)\,ds\right)^T Z\int_{t-h_2}^{t-h_1} x(s)\,ds \\
&\quad + trace[\sigma^T(t,x(t),x(t - \tau(t)))(P + k_0 I)\sigma(t,x(t),x(t - \tau(t)))]
\end{aligned}
\tag{3.13}
$$

同时注意到

$$2x^T(t)PW_0 f(x(t)) \leqslant 2x^T(t)PW_0 Lx(t) \tag{3.14}$$

$$2x^T(t)PW_1 f(x(t - \tau(t))) \leqslant 2x^T(t)PW_1 Lx(t - \tau(t)) \tag{3.15}$$

$$-2f^T(x(t))KAx(t) \leqslant -2f^T(x(t))KAL^{-1}f(x(t)) \tag{3.16}$$

$$2f^T(x(t))KW_0f(x(t)) \leqslant 2x^T(t)L^TKW_0Lx(t) \tag{3.17}$$

$$2f^T(x(t))KW_1f(x(t-\tau(t))) \leqslant 2x^T(t)L^TKW_1Lx(t-\tau(t))$$

$$\tag{3.18}$$

将式（3.6）、式（3.14）~式（3.18）代入式（3.13），有

$$
\begin{aligned}
\mathcal{L}V \leqslant\ & x^T(t)\big[-2PA + M_1 + M_2 + Q + (h_2 - h_1)Z + 2PW_0L \\
& + 2L^TKW_0L + D_0 \big]x(t) + x^T(t)\big[2PW_1L + 2L^TKW_1L \big]x(t-\tau(t)) \\
& - x^T(t-\tau(t))\big[(1-\tau_d)Q - D_1 \big]x(t-\tau(t)) \\
& - x^T(t-h_1)M_1x(t-h_1) - x^T(t-h_2)M_2x(t-h_2) \\
& - f^T(x(t))\big[2KAL^{-1} \big]f(x(t)) \\
& - \Big(\int_{t-h_2}^{t-h_1} x(s)\,\mathrm{d}s \Big)^T (h_2-h_1)^{-1}Z \int_{t-h_2}^{t-h_1} x(s)\,\mathrm{d}s
\end{aligned}
$$

因此，

$$\mathcal{L}V \leqslant \xi^T(t)\Xi\xi(t)$$

其中，

$$
\Xi = \begin{bmatrix}
\Xi_{11} & \Xi_{12} & 0 & 0 & 0 & 0 \\
* & \Xi_{22} & 0 & 0 & 0 & 0 \\
* & * & -M_1 & 0 & 0 & 0 \\
* & * & * & -M_2 & 0 & 0 \\
* & * & * & * & -2KAL^{-1} & 0 \\
* & * & * & * & * & -(h_2-h_1)^{-1}Z
\end{bmatrix}
$$

$$\xi^T(t) = \Big[\, x^T(t)\ \ x^T(t-\tau(t))\ \ x^T(t-h_1)\ \ x^T(t-h_2)\ \ f^T(x(t))\ \ \Big(\int_{t-h_2}^{t-h_1} x(s)\,\mathrm{d}s\Big)^T \Big]$$

　　因此，当 Ξ 为负定矩阵时，就能确保算子 $\mathcal{L}V$ 对于任意可能的状态为负。这就意味着系统式（3.1）在均方意义下是全局渐近稳定的。定理 3.1 证明完毕。

注 3.2 正如定理 3.1 所示，如果矩阵不等式（3.7）有可行解，则随机时滞神经网络式（3.1）在均方意义下是全局渐近稳定的。应该指出，条件式（3.7）以 LMI 方式给出，通过该方式，可以利用 LMI 工具箱很直观地检验式（3.7）的可行解。

注 3.3 值得指出的是，沿着证明定理 3.1 的相似方法，容易得到神经网络式（3.1）在定理 3.1 相同条件下的指数稳定性判定准则。

由定理 3.1 的证明，还可以得到以下结果。

情形 1 考虑既无外部随机干扰的情形又无参数不确定的情形，这种神经网络模型描述如下：

$$dx(t) = \left[(-Ax(t)) + W_0 f(x(t)) + W_1 f(x(t - \tau(t))) \right] dt \quad (3.19)$$

其中模型中的参数与式（3.1）相同。据此，可导出以下推论 3.1。

推论 3.1 神经网络式（3.19）是全局渐近稳定的，如果存在正定矩阵 P，Q，M_1，M_2 和 Z，正定对角矩阵 $L = diag\{l_1, l_2, \cdots, l_i\}$，$K = diag\{k_1, k_2, \cdots, k_i\}$，其中 $i = 1, 2, \cdots, n$，$k_0 = \sum_{i=1}^{n} k_i$，常量 h_1，h_2，$\tau_d > 0$，使得下面的 LMI 成立：

$$\overline{\Xi} = \begin{bmatrix} \overline{\Xi}_{11} & \overline{\Xi}_{12} & 0 & 0 & 0 & 0 \\ * & \overline{\Xi}_{22} & 0 & 0 & 0 & 0 \\ * & * & -M_1 & 0 & 0 & 0 \\ * & * & * & -M_2 & 0 & 0 \\ * & * & * & * & -2KAL^{-1} & 0 \\ * & * & * & * & * & -(h_2 - h_1)^{-1} Z \end{bmatrix} < 0$$

$$(3.20)$$

其中：

$$\overline{\Xi}_{11} = -2PA + M_1 + M_2 + Q + (h_2 - h_1)Z + 2PW_0 L + 2L^T KW_0 L,$$

$$\overline{\Xi}_{12} = PW_1 L + L^T KW_1 L,$$

$$\overline{\Xi}_{22} = -(1 - \tau_d)Q$$

现在，沿着定理 3.1 证明的相似方法，证明系统式（3.19）是全局渐近稳定的较为简单，故在此省略其证明过程。

3.3　带区间时滞的不确定随机神经网络的全局鲁棒稳定性

考虑既有外部随机干扰又有参数不确定的情形。这种神经网络模型描述如下：

$$
\begin{aligned}
\mathrm{d}x(t) = &\big[(-(A + \Delta A)x(t)) + (W_0 + \Delta W_0)f(x(t)) \\
&+ (W_1 + \Delta W_1)f(x(t - \tau(t))) \big]\mathrm{d}t \\
&+ \sigma(t, x(t), x(t - \tau(t)))\mathrm{d}\omega(t)
\end{aligned} \tag{3.21}
$$

其中，模型中的参数与式（3.1）相同，ΔA，ΔW_0，ΔW_1 满足假设 3.3。

注 3.4　应该指出，不确定参数式（3.4）和式（3.5）的结构已在一些文献［108，112，121］里被用于处理不确定神经网络或其他系统的稳定性问题。受此启发，系统式（3.21）包含不确定项 ΔA，ΔW_0 和 ΔW_1。实际上，由于系统本身的复杂性和环境噪声等因素的影响，要获得一个动力系统的精确数学模型几乎是不可能的。因此，在动力系统建模时考虑参数不确定是合情合理且具有现实意义的。

定理 3.2　假设存在矩阵 $P > 0$，$D_0 > 0$ 和 $D_1 > 0$ 满足

$$
trace\big[\sigma^T(t, x(t), x(t - \tau(t)))(P + k_0 I)\sigma(t, x(t), x(t - \tau(t)))\big]
$$
$$
\leqslant x^T(t)D_0 x(t) + x^T(t - \tau(t))D_1 x(t - \tau(t)) \tag{3.22}
$$

则不确定随机神经网络式（3.21）在均方意义下是全局渐近鲁棒稳定的，如果存在正定矩阵 Q，M_1，M_2 和 Z，正定对角矩阵 $L = diag\{l_1, l_2, \cdots, l_i\}$，$K = diag\{k_1, k_2, \cdots, k_i\}$，其中 $i = 1, 2, \cdots, n$，$k_0 = \sum_{i=1}^{n} k_i$，常量 h_1, h_2, τ_d，$\varepsilon_i(i = 1, 2, 3) > 0$，使得式（3.23）成立：

$$\Pi = \begin{bmatrix} \Pi_{11} & \Pi_{12} & 0 & 0 & 0 & 0 & PH & L^TKH & 0 \\ * & \Pi_{22} & 0 & 0 & 0 & 0 & 0 & 0 & 0 \\ * & * & -M_1 & 0 & 0 & 0 & 0 & 0 & 0 \\ * & * & * & -M_2 & 0 & 0 & 0 & 0 & 0 \\ * & * & * & * & \Pi_{55} & 0 & 0 & 0 & KH \\ * & * & * & * & * & -(h_2-h_1)^{-1}Z & 0 & 0 & 0 \\ * & * & * & * & * & * & -\varepsilon_1 I & 0 & 0 \\ * & * & * & * & * & * & * & -\varepsilon_2 I & 0 \\ * & * & * & * & * & * & * & * & -\varepsilon_3 I \end{bmatrix} < 0$$

$$(3.23)$$

其中：

$$\Pi_{11} = -2PA + M_1 + M_2 + Q + (h_2 - h_1)Z + 2PW_0L + 2L^TKW_0L + D_0$$
$$+ \varepsilon_1(E^TE + L^TE_0^TE_0L - E^TE_0L - L^TE_0^TE) + \varepsilon_2 L^TE_0^TE_0L$$

$$\Pi_{12} = PW_1L + L^TKW_1L + (\varepsilon_1 + \varepsilon_2)L^TE_0^TE_1L - \varepsilon_1 E^TE_1L$$

$$\Pi_{22} = -(1 - \tau_d)Q + (\varepsilon_1 + \varepsilon_2)L^TE_1^TE_1L + D_1$$

$$\Pi_{55} = -2KAL^{-1} + \varepsilon_1 (L^{-1})^TE^TEL^{-1}$$

证明：由定理 3.1 可知，系统式（3.21）在均方意义下是全局渐近鲁棒稳定的，如果不等式（3.7）和以下不等式成立：

$$\Xi + \Omega_1 F(t)\Omega_2^T + \Omega_2 F^T(t)\Omega_1^T + \Omega_3 F(t)\Omega_4^T + \Omega_4 F^T(t)\Omega_3^T$$
$$+ \Omega_5 F(t)\Omega_6^T + \Omega_6 F^T(t)\Omega_5^T < 0 \qquad (3.24)$$

其中 Ξ 在式（3.7）中已定义，

$$\Omega_1 = \begin{bmatrix} PH \\ 0 \\ 0 \\ 0 \\ 0 \\ 0 \end{bmatrix}, \Omega_2 = \begin{bmatrix} -E^T + L^T E_0^T \\ L^T E_1^T \\ 0 \\ 0 \\ 0 \\ 0 \end{bmatrix}, \Omega_3 = \begin{bmatrix} L^T KH \\ 0 \\ 0 \\ 0 \\ 0 \\ 0 \end{bmatrix},$$

$$\Omega_4 = \begin{bmatrix} L^T E_0^T \\ L^T E_1^T \\ 0 \\ 0 \\ 0 \\ 0 \end{bmatrix}, \Omega_5 = \begin{bmatrix} 0 \\ 0 \\ 0 \\ 0 \\ KH \\ 0 \end{bmatrix}, \Omega_6 = \begin{bmatrix} 0 \\ 0 \\ 0 \\ 0 \\ (L^{-1})^T E^T \\ 0 \end{bmatrix}$$

应用引理 3.2，如果不等式（3.23）成立，则以下不等式满足条件：

$$\Xi + \varepsilon_1^{-1} \Omega_1 \Omega_1^T + \varepsilon_1 \Omega_2 \Omega_2^T + \varepsilon_2^{-1} \Omega_3 \Omega_3^T + \varepsilon_2 \Omega_4 \Omega_4^T + \varepsilon_3^{-1} \Omega_5 \Omega_5^T$$
$$+ \varepsilon_3 \Omega_6 \Omega_6^T \equiv \Xi + \Omega < 0 \tag{3.25}$$

其中，$\varepsilon_i > 0, i = 1,2,3$，

$$\Omega = \begin{bmatrix} (1,1) & (1,2) & 0 & 0 & 0 & 0 \\ * & (2,2) & 0 & 0 & 0 & 0 \\ * & * & 0 & 0 & 0 & 0 \\ * & * & * & 0 & 0 & 0 \\ * & * & * & * & (5,5) & 0 \\ * & * & * & * & * & 0 \end{bmatrix}$$

$$(1,1) = \varepsilon_1^{-1} PHHP + \varepsilon_2^{-1} L^T KHHKL + \varepsilon_1 (E^T E + L^T E_0^T E_0 L - E^T E_0 L$$
$$- L^T E_0^T E) + \varepsilon_2 L^T E_0^T E_0 L$$

$$(1,2) = (\varepsilon_1 + \varepsilon_2) L^T E_0^T E_1 L - \varepsilon_1 E^T E_1 L$$

$$(2,2) = (\varepsilon_1 + \varepsilon_2) L^T E_1^T E_1 L$$

$$(5,5) = \varepsilon_3^{-1} KHHK + \varepsilon_3 (L^{-1})^T E^T E L^{-1}$$

利用式（3.24），不等式（3.25）等价于

$$\begin{bmatrix} (1,1) & \Pi_{12} & 0 & 0 & 0 & 0 \\ * & \Pi_{22} & 0 & 0 & 0 & 0 \\ * & * & -M_1 & 0 & 0 & 0 \\ * & * & * & -M_2 & 0 & 0 \\ * & * & * & * & \Pi_{55} + \varepsilon_3^{-1} KHH^T K^T & 0 \\ * & * & * & * & * & -(h_2 - h_1)^{-1} Z \end{bmatrix} < 0$$

$$(3.26)$$

其中，

$$(1,1) = \Pi_{11} + \varepsilon_1^{-1} PHH^T P^T + \varepsilon_2^{-1} L^T KHH^T K^T L$$

应用引理 3.1，不等式（3.26）等价于式（3.23）。因此，如果式（3.23）成立，则系统式（3.21）在均方意义下是全局渐近鲁棒稳定的。定理 3.2 证明完毕。

情形 2 考虑无外部随机干扰，但有参数不确定的情形，这种神经网络模型描述如下：

$$\begin{aligned} dx(t) = & \big[(-(A + \Delta A)x(t)) + (W_0 + \Delta W_0)f(x(t)) \\ & + (W_1 + \Delta W_1)f(x(t - \tau(t))) \big] dt \end{aligned}$$

$$(3.27)$$

其中模型中的参数与情形 1 中相同。据此，可导出以下推论 3.2。

推论 3.2 不确定神经网络式（3.27）是全局渐近鲁棒稳定的，如果存在正定矩阵 P，Q，M_1，M_2 和 Z，正定对角矩阵 $L = diag\{l_1, l_2, \cdots, l_i\}$，$K = diag\{k_1, k_2, \cdots, k_i\}$，其中 $i = 1, 2, \cdots, n$，$k_0 = \sum_{i=1}^{n} k_i$，常量 $h_1, h_2, \tau_d > 0$，使得式（3.28）成立：

$$
\bar{\Pi} = \begin{bmatrix}
\bar{\Pi}_{11} & \bar{\Pi}_{12} & 0 & 0 & 0 & 0 & PH & L^T KH & 0 \\
* & \bar{\Pi}_{22} & 0 & 0 & 0 & 0 & 0 & 0 & 0 \\
* & * & -M_1 & 0 & 0 & 0 & 0 & 0 & 0 \\
* & * & * & -M_2 & 0 & 0 & 0 & 0 & 0 \\
* & * & * & * & \bar{\Pi}_{55} & 0 & 0 & 0 & KH \\
* & * & * & * & * & -(h_2-h_1)^{-1}Z & 0 & 0 & 0 \\
* & * & * & * & * & * & -\varepsilon_1 I & 0 & 0 \\
* & * & * & * & * & * & * & -\varepsilon_2 I & 0 \\
* & * & * & * & * & * & * & * & -\varepsilon_3 I
\end{bmatrix} < 0
$$

$$(3.28)$$

其中,

$$
\begin{aligned}
\bar{\Pi}_{11} ={}& -2PA + M_1 + M_2 + Q + (h_2 - h_1)Z + 2PW_0L + 2L^TKW_0L \\
& + \varepsilon_1(E^TE + L^TE_0^TE_0L - E^TE_0L - L^TE_0^TE) + \varepsilon_2 L^TE_0^TE_0L
\end{aligned}
$$

$$
\bar{\Pi}_{12} = PW_1L + L^TKW_1L + (\varepsilon_1 + \varepsilon_2)L^TE_0^TE_1L - \varepsilon_1 E^TE_1L
$$

$$
\bar{\Pi}_{22} = -(1 - \tau_d)Q + (\varepsilon_1 + \varepsilon_2)L^TE_1^TE_1L
$$

$$
\bar{\Pi}_{55} = -2KAL^{-1} + \varepsilon_1(L^{-1})^TE^TEL^{-1}
$$

利用与定理 3.1 和定理 3.2 相似的证明方法,证明上述结论较为简单。故在此省略其证明过程。

3.4 数值仿真算例

在本节,将给出五个算例来说明所得结果的有效性和较少的保守性。

例 3.1 考虑文献 [125] 中的如下双神经元时滞随机神经网络:

$$
\begin{aligned}
dx(t) ={}& [(-Ax(t)) + W_0 f(x(t)) + W_1 f(x(t - \tau(t)))]dt \\
& + \sigma(t, x(t), x(t - \tau(t)))d\omega(t)
\end{aligned}
$$

$$(3.29)$$

系数矩阵为：

$$A = \begin{bmatrix} 2 & 0 \\ 0 & 3.5 \end{bmatrix}, W_0 = \begin{bmatrix} -1 & 0.5 \\ 0.5 & -1 \end{bmatrix}, W_1 = \begin{bmatrix} -0.5 & 0.5 \\ 0.5 & 0.5 \end{bmatrix},$$

$$\tau_d = 0.5, h_1 = 0, h_2 = 0.5, D_0 = D_1 = \begin{bmatrix} 0.1667 & 0 \\ 0 & 0.1067 \end{bmatrix}$$

假设：

$$L = I, f(x) = \frac{1}{2}(|x+1| - |x-1|), \tau(t) = 0.5\sin^2 t,$$

$$\sigma(t, x(t), x(t-\tau(t))) = [0.4x_1(t) + 0.3x_1(t-\tau_1(t))$$

$$0.4x_2(t) + 0.3x_2(t-\tau_2(t))]^T$$

设 $P = K = I$，通过 LMI 工具箱求解定理 3.1 中的式（3.7），得到下面的一组可行解：

$$Q = \begin{bmatrix} 2.1242 & -0.5097 \\ -0.5097 & 2.8830 \end{bmatrix}, M_1 = \begin{bmatrix} 1.6658 & -0.3980 \\ -0.3980 & 2.2768 \end{bmatrix},$$

$$M_2 = \begin{bmatrix} 1.6658 & -0.3980 \\ -0.3980 & 2.2768 \end{bmatrix}, Z = \begin{bmatrix} 1.4175 & -0.1168 \\ -0.1168 & 1.5968 \end{bmatrix}$$

因此，由定理 3.1，系统式（3.29）是全局渐近稳定的，如图 3.1 所示。

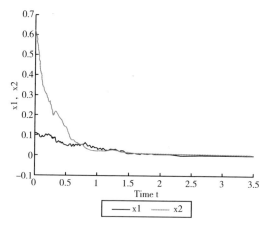

图 3.1　例 3.1 中系统状态的时间响应曲线 [当 $\tau(t) = 0.5\sin^2 t$]

应该指出，如果设 $\tau_d = 0.7 > 0.5$，利用文献［125］中的稳定性判定准则无可行解，但使用本章的定理 3.1，仍然可以判定系统式（3.29）在均方意义下是全局渐近稳定的。因此，该结果比文献［125］的结果具有较少的保守性。

例 3.2　考虑文献［124］中的如下双神经元时滞神经网络：

$$\mathrm{d}x(t) = \left[\left(-Ax(t)\right) + W_0 f(x(t)) + W_1 f(x(t - \tau(t)))\right]\mathrm{d}t + I$$

$$(3.30)$$

其中：

$$A = \begin{bmatrix} 2.5 & 0 \\ 0 & 2 \end{bmatrix}, W_0 = \begin{bmatrix} -0.5 & 0.1 \\ 0.2 & -0.1 \end{bmatrix},$$

$$W_1 = \begin{bmatrix} -0.1 & 0.2 \\ 0.2 & 0.1 \end{bmatrix}, I = \begin{bmatrix} 1 & -1 \end{bmatrix}^T$$

设 $f(x) = \dfrac{1}{2}(|x + 1| - |x - 1|)$，$L = I$，$\tau_d = 0$，$h_1 = 0$ 和 $h_2 = 0.17$，通过 LMI 工具箱求解推论 3.1 中的式（3.20），得到下面的一组可行解：

$$P = \begin{bmatrix} 15.7255 & 1.4193 \\ 1.4193 & 22.7099 \end{bmatrix}, Q = \begin{bmatrix} 24.6259 & -0.1366 \\ -0.1366 & 23.9247 \end{bmatrix},$$

$$K = \begin{bmatrix} 6.0251 & 0 \\ 0 & 6.0251 \end{bmatrix}, M_1 = \begin{bmatrix} 24.6259 & -0.1366 \\ -0.1366 & 23.9247 \end{bmatrix},$$

$$M_2 = \begin{bmatrix} 24.6259 & -0.1366 \\ -0.1366 & 23.9247 \end{bmatrix}, Z = \begin{bmatrix} 4.6662 & -0.0013 \\ -0.0013 & 4.6595 \end{bmatrix}$$

计算机模拟显示系统式（3.30）的唯一平衡点为 $(0.2796, -0.4440)^T$，如图 3.2 所示。

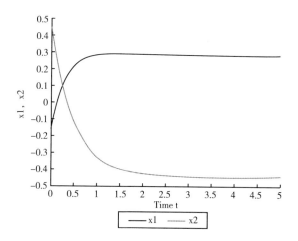

图3.2　例3.2中系统状态的时间响应曲线［当 $\tau(t)=0.17$］

　　如果设 $h_2=2.5$，利用文献［124］中的稳定性判定准则无可行解，但使用本章的推论3.1，仍然可以判定系统式（3.30）是全局渐近稳定的。因此，该结果比文献［124］的结果具有较少的保守性。

　　例3.3　考虑如下双神经元时滞神经网络（即文献［129］中的例1）：

$$\mathrm{d}x(t)=\left[\,(-Ax(t))+W_0\,f(x(t))+W_1\,f(x(t-\tau(t)))\,\right]\mathrm{d}t+I$$

$$(3.31)$$

系数矩阵为：

$$A=\begin{bmatrix}2.5 & 0\\ 0 & 3.5\end{bmatrix},\ W_0=\begin{bmatrix}-1 & 0.5\\ 0.5 & -1\end{bmatrix},$$

$$W_1=\begin{bmatrix}-0.5 & 0.5\\ 0.5 & 0.5\end{bmatrix},$$

$$I=\begin{bmatrix}1 & -1\end{bmatrix}^T$$

设 $f(x)=\dfrac{1}{2}(\,|x+1|-|x-1|\,),P=Q=K=L=I,\tau_d=0,h_1=0$

和 $h_2=1$，通过LMI工具箱求解推论3.1中的式（3.20），得到下面的一组可行解：

$$M_1 = \begin{bmatrix} 1.8478 & -0.5444 \\ -0.5444 & 2.3922 \end{bmatrix}, M_2 = \begin{bmatrix} 1.8478 & -0.5444 \\ -0.5444 & 2.3922 \end{bmatrix},$$

$$Z = \begin{bmatrix} 1.8478 & -0.5444 \\ -0.5444 & 2.3922 \end{bmatrix}$$

计算机模拟显示系统的唯一平衡点为 $(0.2001, -0.1995)^T$，如图 3.3 所示。

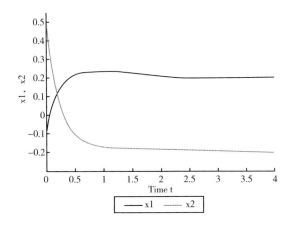

图 3.3 例 3.3 中系统状态的时间响应曲线 [当 $\tau(t) = 1$]

然而，当 $h_2 = 4$ 时，利用文献 [129] 中的稳定性判定准则来检验本例的全局渐近稳定性是失败的，但使用本章的推论 3.1，仍然可以得到可行解，这也意味着系统式（3.31）是全局渐近稳定的。因此，该结果比文献 [129] 的结果具有较少的保守性。

例 3.4 考虑如下双神经元时滞神经网络（即文献 [129] 中的例 2）：

$$dx(t) = [(-Ax(t)) + W_0 f(x(t)) + W_1 f(x(t-\tau(t)))]dt$$

$$(3.32)$$

系数矩阵为：

$$A = \begin{bmatrix} 1 & 0 \\ 0 & 1 \end{bmatrix}, W_0 = \begin{bmatrix} -0.1 & 0.1 \\ 0.1 & -0.1 \end{bmatrix}, W_1 = \begin{bmatrix} -0.1 & 0.2 \\ 0.2 & 0.1 \end{bmatrix}$$

设 $f(x) = \dfrac{1}{2}(\,|\,x+1\,| - |\,x-1\,|\,), L = I, \tau_d = 0.5, h_1 = 0$ 和 $h_2 = 0.5$,

通过 LMI 工具箱求解推论 3.1 中的式（3.20），得到下面的一组可行解：

$$P = \begin{bmatrix} 81.8479 & 6.5873 \\ 6.5873 & 82.1188 \end{bmatrix}, Q = \begin{bmatrix} 51.6473 & -2.5401 \\ -2.5401 & 52.7196 \end{bmatrix},$$

$$K = \begin{bmatrix} 25.7745 & 0 \\ 0 & 25.7745 \end{bmatrix}, M_1 = \begin{bmatrix} 36.7496 & -1.5292 \\ -1.5292 & 36.5243 \end{bmatrix},$$

$$M_2 = \begin{bmatrix} 36.7496 & -1.5292 \\ -1.5292 & 36.5243 \end{bmatrix}, Z = \begin{bmatrix} 27.7158 & -0.4701 \\ -0.4701 & 27.6542 \end{bmatrix}.$$

因此，由推论 3.1，系统式（3.32）是全局渐近稳定的，如图 3.4 所示。

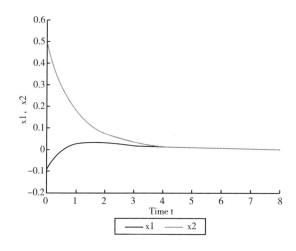

图 3.4　例 3.4 中系统状态的时间响应曲线［当 $\tau(t) = 0.5\sin^2 t$］

如果取 $\tau(t) = 0.9 + 0.9\sin t$，则有 $\tau_d = 0.9$ 和 $h_2 = 1.8$。利用文献［129］中的稳定性判定准则无法求得可行解，但使用本章的推论 3.1，仍然可以判定系统式（3.32）是全局渐近稳定的。因此，该结果比文献［129］的结果具有较少的保守性。

例 3.5　考虑如下双神经元不确定时滞随机神经网络：

$$\mathrm{d}x(t) = \big[\,(\,-(A + \Delta A)x(t)\,) + (W_0 + \Delta W_0)f(x(t))$$

$$+ (W_1 + \Delta W_1) f(x(t - \tau(t)))] \mathrm{d}t$$
$$+ \sigma(t, x(t), x(t - \tau(t))) \mathrm{d}\omega(t) \tag{3.33}$$

其中:

$$A = \begin{bmatrix} 3.2 & 1 \\ 1 & 3.1 \end{bmatrix}, W_0 = \begin{bmatrix} -1 & 0.5 \\ 0.5 & -1 \end{bmatrix}, W_1 = \begin{bmatrix} -0.5 & 0.5 \\ 0.5 & 0.5 \end{bmatrix},$$

$$E = \begin{bmatrix} 0.1 & 0 \\ 0 & 0.1 \end{bmatrix}, E_0 = \begin{bmatrix} 0.3 & 0 \\ 0 & 0.2 \end{bmatrix}, E_1 = \begin{bmatrix} 0.1 & 0 \\ 0 & 0.2 \end{bmatrix},$$

$$H = \begin{bmatrix} 0.1 & 0.1 \\ 0 & 0.2 \end{bmatrix} \quad D_0 = D_1 = \begin{bmatrix} 0.1667 & 0 \\ 0 & 0.1067 \end{bmatrix},$$

$$\tau_d = 0.5, h_1 = 0.1, h_2 = 2.3$$

设:

$$\sigma(t, x(t), x(t - \tau(t)) = [0.2x_1(t) + 0.2x_1(t - \tau_1(t))$$
$$0.1x_1(t) + 0.1x_2(t - \tau_2(t))]^T,$$
$$P = L = I$$

通过 LMI 工具箱求解定理 3.2 中的式 (3.23),得到下面的一组可行解:

$$Q = \begin{bmatrix} 2.2331 & 0.1872 \\ 0.1872 & 2.2077 \end{bmatrix}, K = \begin{bmatrix} 0.2799 & 0 \\ 0 & 0.2799 \end{bmatrix},$$

$$M_1 = \begin{bmatrix} 1.1013 & 0.0499 \\ 0.0499 & 1.0888 \end{bmatrix}, M_2 = \begin{bmatrix} 1.1013 & 0.0499 \\ 0.0499 & 1.0888 \end{bmatrix},$$

$$Z = \begin{bmatrix} 0.9479 & 0.0694 \\ 0.0694 & 0.9056 \end{bmatrix}, \varepsilon_1 = 1.3036,$$

$$\varepsilon_2 = 1.2807, \varepsilon_3 = 1.3440$$

这意味着,由定理 3.2,系统式 (3.33) 在均方意义下是全局渐近鲁棒稳定的。然而,由于该系统的时滞为时变时滞,文献 [108,127] 中的稳定性判定准则无法应用于本例。

3.5　本章小结

本章研究了一类不确定时滞随机神经网络的全局渐近稳定性和全局鲁棒稳定性问题。利用伊藤微分公式，得到了一些保证时滞神经网络在均方意义下是全局渐近和全局鲁棒稳定的充分条件，其中参数不确定是范数有界的。该稳定性条件以 LMI 形式给出，便于利用现有数值软件进行求解。数值算例也已经说明这些结果的有效性和较少的保守性。

第 *4* 章

带区间与分布时滞的不确定随机
神经网络的均方稳定性

本章研究了一类带区间时变时滞与分布时滞的不确定随机神经网络的全局渐近稳定性和全局鲁棒稳定性问题。通过应用随机分析方法，并引入自由权值矩阵方法，再构造适当的李雅普诺夫－克拉索夫斯基泛函，得到了一些与时滞区间相关以及与导数相关/无关的稳定性判定准则。这些准则以线性矩阵不等式（LMI）形式给出，用于保证时滞随机神经网络在均方意义下是全局渐近稳定和全局鲁棒稳定的。同时，这些准则既适用于慢时滞也适用于快时滞。最后三个数值算例验证了理论结果的有效性。

4.1 引　　言

近年来，不同类型的时滞神经网络模型已被广泛和深入地研究。到目前为止，学者们已经获得了大量在各种时滞条件下人工神经网络是否渐近稳定、鲁棒稳定或指数稳定的充分条件[102－104,107－109,111,126－127,131－143]。然而，在实际应用中，人们发现由于神经元的大小、长度不一，传输线路的复杂性和人工设计的局限性，神经网络在传输信号的过程中，产生的时滞很多时候是以连续分布时滞的形式出现。因此，在一些系统建模时包含分布时滞是必要的。

目前，通过利用 LMI 方法，判定同时具有离散时滞和分布时滞的神经网络稳定的充分条件已经出现[143-148]。文献［143］讨论了一类具有离散时滞与分布时滞的不确定随机神经网络的鲁棒指数稳定性。文献［145］讨论了一类具有离散时滞的不确定神经网络的随机稳定性。文献［144，146］研究了具有离散区间与分布时滞的不确定随机神经网络的全局鲁棒稳定性和具有离散与分布时滞的随机递归神经网络的全局渐近稳定性。文献［147］研究了一类具有分布时滞的神经系统的全局渐近稳定性。文献［148］研究了具有离散区间与分布时滞的随机神经网络的全局指数稳定性。然而，对于具有分布与区间时滞的不确定神经网络的随机稳定性问题的研究还不是很充分，仍然存在着广阔的研究空间。

基于上述讨论，本章的目标是研究一类具有分布与区间时滞的不确定神经网络的随机稳定性。通过构造适当的李雅普诺夫－克拉索夫斯基泛函，引入自由权值矩阵方法[149,150]，再应用随机分析方法，得到一些与时滞区间相关以及与导数相关/无关的稳定性判定准则。本章利用自由权值矩阵来表达牛顿－莱布尼茨（Newton-Leibniz）公式中各项之间的关系。自由权值矩阵方法有两个优点：第一，它直接处理系统模型，不采用任何系统变换。目前，系统变换是处理时滞系统稳定性问题的主要方法，自由权值矩阵方法避免了由系统模型变换所引起的保守性。第二，它没有使用任何不等式来估计李雅普诺夫－克拉索夫斯基泛函导数的上界。本章所得的稳定性判定准则以 LMI 形式给出，用于在均方意义下保证时滞随机神经网络是全局渐近鲁棒稳定的，这些准则既适用于慢时滞也适用于快时滞。

4.2　问题描述和预备知识

考虑下面的分布时滞神经网络模型：

$$y_i'(t) = -a_i y_i(t) + \sum_{j=1}^n b_{ij} g_j(y_j(t)) + \sum_{j=1}^n c_{ij} g_j(y_j(t - \tau_j(t)))$$

$$+ \sum_{j=1}^{n} d_{ij} \int_{-\infty}^{t} k_j(t-s) g_j(y_j(s)) \, \mathrm{d}s + I_i \qquad (4.1)$$

其中：$i = 1, 2, \cdots, n$，$y_i(t)$ 是第 i 个神经元在 t 时刻的状态；$a_i > 0$ 表示神经元的被动衰减率；b_{ij}，c_{ij} 和 d_{ij} 表示突触连接强度；$g_j(\cdot)$ 表示神经元的激活函数；I_i 是来自系统外的常量输入；$\tau(t)$ 表示离散传输时滞；时滞内核 $k_j(\cdot)$ 是定义在 $[0, +\infty]$ 上的实值连续函数，且满足对每一个 i 有 $\int_0^{\infty} k_j(s) \, \mathrm{d}s = 1$。

假设神经元的激活函数 $g_j(\cdot), j = 1, 2, \cdots, n$ 满足下列两个条件：

（1）$g_j(\cdot)$ 对于任意 $j = 1, 2, \cdots, n$ 在 R 上有界；

（2）$0 \leqslant \dfrac{g_j(\xi_1) - g_j(\xi_2)}{\xi_1 - \xi_2} \leqslant l_j$，对所有 $\xi_1, \xi_2 \in R, \xi_1 \neq \xi_2$。

设 $y^* = (y_1^*, y_2^*, \cdots, y_n^*)^T$ 是系统式（4.1）的一个平衡点。通常，利用变换 $x_i = y_i - y_i^*$ 将这个平衡点转移到原点，这时系统式（4.1）可改写为：

$$x'(t) = -Ax(t) + Bf(x(t)) + Cf(x(t-\tau(t))) + D \int_{-\infty}^{t} K(t-s) f(x(s)) \, \mathrm{d}s$$

$$(4.2)$$

其中，$x(t) = [x_1(t), x_2(t), \cdots, x_n(t)]^T$，$A = diag\{a_1, a_2, \cdots, a_n\}$，$B = [b_{ij}]$，$C = [c_{ij}]$，$D = [d_{ij}]$，$K(t-s) = diag\{k_1(t-s), k_2(t-s), \cdots, k_n(t-s)\}$。

通过变换，$f_j(x_j(t)) = g_j(x_j(t) + y_j^*) - g_j(y_j^*)$，$f(x) = [f_1(x_1), f_2(x_2), \cdots, f_n(x_n)]^T$。注意到每一个 $g_j(\cdot)$ 满足假设条件（1）和（2），因此每一个 $f_j(\cdot)$ 满足：

$$0 \leqslant \frac{f_j(\xi_j)}{\xi_j} \leqslant l_j, \quad \forall \xi_j \neq 0, \quad f_j(0) = 0, \quad j = 1, 2, \cdots, n \quad (4.3)$$

本章考虑具有区间与分布时滞的不确定随机神经网络模型描述如下：

$$\mathrm{d}x(t) = \big[-(A + \Delta A)x(t) + (B + \Delta B)f(x(t)) + (C + \Delta C)f(x(t-\tau(t)))$$

$$+ (D + \Delta D) \int_{-\infty}^{t} K(t - s) f(x(s)) \mathrm{d}s \big] \mathrm{d}t$$

$$+ \sigma(t, x(t), x(t - \tau(t))) \mathrm{d}\omega(t) \tag{4.4}$$

其中，$\omega(t) = [\omega_1(t), \omega_2(t), \cdots, \omega_m(t)]^T \in R^m$ 是定义在具有自然过滤 $\{\mathcal{F}_t\}_t \geq$ 0 的完备概率空间 $(\Omega, \mathcal{F}, \mathcal{P})$ 上的布朗运动。$\sigma(t, x(t), x(t - \tau(t))) \mathrm{d}\omega(t)$ 为局部利普希茨连续且满足线性增长条件。

为了导出本章的主要结果，本章有如下假设。

假设 4.1 不确定参数 $\Delta A, \Delta B, \Delta C$ 和 ΔD 满足

$$\Delta A = H_1 F_1(t) E_1, \quad \Delta B = H_2 F_2(t) E_2,$$

$$\Delta C = H_3 F_3(t) E_3, \quad \Delta D = H_4 F_4(t) E_4 \tag{4.5}$$

其中，H_1，H_2，H_3，H_4，E_1，E_2，E_3 和 E_4 为已知具有适当维数的常矩阵。不确定矩阵 $F_i(t), i = 1, 2, 3, 4$ 满足

$$F_i^T(t) F_i(t) \leq I, \forall\, t \in R \tag{4.6}$$

假设 4.2 时滞 $\tau(t)$ 满足

$$0 \leq h_1 \leq \tau(t) \leq h_2, \quad \dot{\tau}(t) \leq h_d, \text{其中} h_1, h_2, h_d \text{ 为正常量} \tag{4.7}$$

假设 4.3 噪声强度矩阵 $\sigma(t, x(t), x(t - \tau(t)))$ 定义如下：

$$trace\big[\sigma^T(t, x(t), x(t - \tau(t))) \sigma(t, x(t), x(t - \tau(t)))\big]$$

$$\leq x^T(t) D_0 x(t) + x^T(t - \tau(t)) D_1 x(t - \tau(t)), D_0, D_1 \geq 0 \tag{4.8}$$

注 4.1 显然，当 $\tau_d = 0$ 即 $h_1 = h_2$ 时，意味着 $\tau(t)$ 为常时滞，这种情况在文献 [142] 已经中被研究；而当 $h_1 = 0$，则有 $0 \leq \tau(t) \leq h_2$，这种情况在文献 [146] 中已经被研究。

注 4.2 在系统式 (4.4) 中，随机干扰项 $\sigma(t, x(t), x(t - \tau(t))) \mathrm{d}\omega(t)$ 是作用于神经元状态的随机干扰。这种有关随机神经网络的处理方法已出现在有关文献 [142，148] 里。

现在给出本章在推导基于线性矩阵不等式的稳定性判定准则的过程中，将用到的几个引理。

引理 4.1　对于任意适当维数矩阵 Ω_1，Ω_2，$\Omega_3 \in R^{n \times m}$ 和一个正常数 ε，满足 $0 < \Omega_3 = \Omega_3^T$，则以下不等式成立：

$$2\Omega_1^T \Omega_2 \leqslant \varepsilon \Omega_1^T \Omega_3 \Omega_1 + \varepsilon^{-1} \Omega_2^T \Omega_3^{-1} \Omega_2$$

引理 4.2　对任意常对称阵 $M \in R^{n \times n}$，$M = M^T > 0$，当常数 $\gamma > 0$，向量函数 $\omega : [0, \gamma] \rightarrow R^n$ 使积分有明确定义，则以下不等式成立：

$$\left[\int_0^\gamma \omega(s)\,\mathrm{d}s\right]^T M \left[\int_0^\gamma \omega(s)\,\mathrm{d}s\right] \leqslant \gamma \int_0^\gamma \omega^T(s) M \omega(s)\,\mathrm{d}s$$

4.3　带区间与分布时滞的随机神经网络的全局渐近稳定性

定义：

$$g_1(t) = -(A + \Delta A)x(t) + (B + \Delta B)f(x(t)) + (C + \Delta C)f(x(t - \tau(t)))$$
$$+ (D + \Delta D) \int_{-\infty}^t K(t - s) f(x(s))\,\mathrm{d}s$$
$$g_2(t) = \sigma(t, x(t), x(t - \tau(t)))$$

那么，系统式（4.4）能被记为

$$\mathrm{d}x(t) = g_1(t)\,\mathrm{d}t + g_2(t)\,\mathrm{d}\omega(t)$$

现在，将导出主要结论。首先，研究暂不考虑参数不确定时，系统式（4.4）的稳定性，即 $\Delta A = 0$，$\Delta B = 0$，$\Delta C = 0$ 和 $\Delta D = 0$。对于这种情形，以下定理成立。

定理 4.1　对于给定常量 $0 \leqslant h_1 < h_2$，h_d，系统式（4.4）在均方意义下是全局渐近稳定的，如果存在矩阵 $P > 0$，$Q_i = Q_i^T \geqslant 0$，$R_i = R_i^T \geqslant 0$，$i = 1, 2$，$Z_j = Z_j^T > 0$，$j = 1, 2, 3, 4$，$T_j = diag\{t_{1j}, t_{2j}, \cdots, t_{nj}\} \geqslant 0$，$j = 1, 2$，$E = diag\{e_1, e_2, \cdots, e_n\} \geqslant 0$，$S_i$，$N_i$，$M_i$，$i = 1, 2$ 和三个正常

量 ρ_1, ρ_2, ρ_3，使得式（4.9）和式（4.10）成立：

$$\Xi = \begin{bmatrix} \Xi_{11} & \Xi_{12} & \Xi_{13} \\ * & -\Xi_{22} & 0 \\ * & * & -\Xi_{33} \end{bmatrix} < 0 \tag{4.9}$$

$$P \leqslant \rho_1 I, \quad Z_3 \leqslant \rho_2 I, \quad Z_4 \leqslant \rho_3 I \tag{4.10}$$

其中，

$$\Xi_{11} = \begin{bmatrix} \Upsilon_{11} & \Upsilon_{12} & PB+LT_1 & PC & M_1 & -S_1 & PD & -A^TU \\ * & \Upsilon_{22} & 0 & LT_2 & M_2 & -S_2 & 0 & 0 \\ * & * & \Upsilon_{33} & 0 & 0 & 0 & 0 & B^TU \\ * & * & * & \Upsilon_{44} & 0 & 0 & 0 & C^TU \\ * & * & * & * & -R_1 & 0 & 0 & 0 \\ * & * & * & * & * & -R_2 & 0 & 0 \\ * & * & * & * & * & * & -E & D^TU \\ * & * & * & * & * & * & * & -U \end{bmatrix},$$

$$\Xi_{13} = \begin{bmatrix} S_1 & N_1 & M_1 \\ S_2 & N_2 & M_2 \\ 0 & 0 & 0 \\ 0 & 0 & 0 \\ 0 & 0 & 0 \\ 0 & 0 & 0 \\ 0 & 0 & 0 \\ 0 & 0 & 0 \end{bmatrix},$$

$$\Xi_{12} = \Xi_{13} diag\{(h_2-h_1), h_2, (h_2-h_1)\},$$

$$\Xi_{22} = diag\{(h_2-h_1)(Z_1+Z_2), h_2 Z_1, (h_2-h_1)Z_2\},$$

$$\Xi_{33} = diag\{(Z_3+Z_4), Z_3, Z_4\},$$

$$\Upsilon_{11} = -2PA + (\rho_1 + h_2\rho_2 + (h_2 - h_1)\rho_3)D_0 + Q_1 + R_1 + R_2 + 2N_1,$$

$$\Upsilon_{12} = S_1 + N_2^T - N_1 - M_1,$$

$$\Upsilon_{22} = (\rho_1 + h_2\rho_2 + (h_2 - h_1)\rho_3)D_1 - (1 - h_d)Q_1 + 2S_2 - 2N_2 - 2M_2,$$

$$\Upsilon_{33} = E + Q_2 - 2T_1,$$

$$\Upsilon_{44} = -(1 - h_d)Q_2 - 2T_2,$$

$$U = h_2Z_1 + (h_2 - h_1)Z_2,$$

$$L = diag\{l_1, l_2, \cdots, l_n\}$$

证明：构造如下李雅普诺夫 – 克拉索夫斯基泛函：

$$
\begin{cases}
V(x(t),t) = V_1(x(t),t) + V_2(x(t),t) + V_3(x(t),t) \\
V_1(x(t),t) = x^T(t)Px(t) + \displaystyle\int_{t-\tau(t)}^{t} x^T(s)Q_1x(s)\,\mathrm{d}s \\
\qquad\qquad + \displaystyle\int_{t-\tau(t)}^{t} f^T(x(s))Q_2f(x(s))\,\mathrm{d}s \\
\qquad\qquad + \displaystyle\int_{t-h_1}^{t} x^T(s)R_1x(s)\,\mathrm{d}s + \displaystyle\int_{t-h_2}^{t} x^T(s)R_2x(s)\,\mathrm{d}s \\
V_2(x(t),t) = \displaystyle\int_{-h_2}^{0}\int_{t+\theta}^{t} g_1^T(s)Z_1g_1(s)\,\mathrm{d}s\mathrm{d}\theta \\
\qquad\qquad + \displaystyle\int_{-h_2}^{-h_1}\int_{t+\theta}^{t} g_1^T(s)Z_2g_1(s)\,\mathrm{d}s\mathrm{d}\theta \\
\qquad\qquad + \displaystyle\int_{-h_2}^{0}\int_{t+\theta}^{t} trace(g_2^T(s)Z_3g_2(s))\,\mathrm{d}s\mathrm{d}\theta \\
\qquad\qquad + \displaystyle\int_{-h_2}^{-h_1}\int_{t+\theta}^{t} trace(g_2^T(s)Z_4g_2(s))\,\mathrm{d}s\mathrm{d}\theta \\
V_3(x(t),t) = \displaystyle\sum_{i=1}^{n} e_i\int_{0}^{\infty} k_i(\xi)\int_{t-\theta}^{t} f_i^2(x_i(\gamma))\,\mathrm{d}\gamma\mathrm{d}\xi
\end{cases}
\tag{4.11}
$$

由牛顿 – 莱布尼茨公式可知，对于任意具有适当维数的矩阵 S_i，N_i，M_i，$i = 1$，2，以下等式成立：

$$
0 = 2[x^T(t)S_1 + x^T(t - \tau(t))S_2]\Big[x(t - \tau(t)) - x(t - h_2)
$$

$$
- \int_{t-h_2}^{t-\tau(t)} g_1(s)\,\mathrm{d}s - \int_{t-h_2}^{t-\tau(t)} g_2(s)\,\mathrm{d}\omega(s)\Big]
\tag{4.12}
$$

$$0 = 2[x^T(t)N_1 + x^T(t - \tau(t))N_2][x(t) - x(t - \tau(t))$$

$$- \int_{t-\tau(t)}^{t} g_1(s)\mathrm{d}s - \int_{t-\tau(t)}^{t} g_2(s)\mathrm{d}\omega(s)] \tag{4.13}$$

$$0 = 2[x^T(t)M_1 + x^T(t - \tau(t))M_2][x(t - h_1) - x(t - \tau(t))$$

$$- \int_{t-\tau(t)}^{t-h_1} g_1(s)\mathrm{d}s - \int_{t-\tau(t)}^{t-h_1} g_2(s)\mathrm{d}\omega(s)] \tag{4.14}$$

此外，由式（4.3），有

$$f_i(x_i(t)) \cdot [f_i(x_i(t)) - l_i x_i(t)] \leqslant 0, i = 1,2,\cdots,n$$

$$f_i(x_i(t - \tau(t))) \cdot [f_i(x_i(t - \tau(t))) - l_i x_i(t - \tau(t))] \leqslant 0, i = 1,2,\cdots,n$$

因此，对任意矩阵 $T_j = diag\{t_{1j}, t_{2j}, \cdots, t_{nj}\} \geqslant 0, j = 1,2$，可得

$$0 \leqslant -2 \sum_{i=1}^{n} t_{i1} f_i(x_i(t))[f_i(x_i(t)) - l_i x_i(t)]$$

$$- 2 \sum_{i=1}^{n} t_{i2} f_i(x_i(t - \tau(t)))[f_i(x_i(t - \tau(t))) - l_i x_i(t - \tau(t))]$$

$$= -2f^T(x(t))T_1 f(x(t)) + 2x^T(t)LT_1 f(x(t))$$

$$- 2f^T(x(t - \tau(t)))T_2 f(x(t - \tau(t))) + 2x^T(t - \tau(t))LT_2 f(x(t - \tau(t)))$$

$$\tag{4.15}$$

利用引理 4.1 和引理 4.2，对任意矩阵 $Z_i \geqslant 0$，$i = 1,2,3,4$，下列不等式成立：

$$-2\xi^T(t)S \int_{t-h_2}^{t-\tau(t)} g_1(s)\mathrm{d}s \leqslant (h_2 - h_1)\xi^T(t)S(Z_1 + Z_2)^{-1}S^T\xi(t)$$

$$+ \int_{t-h_2}^{t-\tau(t)} g_1^T(s)(Z_1 + Z_2)g_1(s)\mathrm{d}s \tag{4.16}$$

$$-2\xi^T(t)N \int_{t-\tau(t)}^{t} g_1(s)\mathrm{d}s \leqslant h_2\xi^T(t)NZ_1^{-1}N^T\xi(t) + \int_{t-\tau(t)}^{t} g_1^T(s)Z_1 g_1(s)\mathrm{d}s$$

$$\tag{4.17}$$

$$-2\xi^T(t)M \int_{t-\tau(t)}^{t-h_1} g_1(s)\mathrm{d}s \leqslant (h_2 - h_1)\xi^T(t)MZ_2^{-1}M^T\xi(t)$$

$$+ \int_{t-\tau}^{t-h_1} g_1^T(s) Z_2 g_1(s) \mathrm{d}s \tag{4.18}$$

$$-2\xi^T(t) S \int_{t-h_2}^{t-\tau(t)} g_2(s) \mathrm{d}\omega(s) \leqslant \xi^T(t) S(Z_3 + Z_4)^{-1} S^T \xi(t)$$

$$+ \int_{t-h_2}^{t-\tau(t)} g_2^T(s) \mathrm{d}\omega(s) (Z_3 + Z_4) \int_{t-h_2}^{t-\tau(t)} g_2^T(s) \mathrm{d}\omega(s) \tag{4.19}$$

$$-2\xi^T(t) N \int_{t-\tau(t)}^{t} g_2(s) \mathrm{d}\omega(s) \leqslant \xi^T(t) N Z_3^{-1} N^T \xi(t)$$

$$+ \int_{t-\tau(t)}^{t} g_2^T(s) \mathrm{d}\omega(s) Z_3 \int_{t-\tau(t)}^{t} g_2^T(s) \mathrm{d}\omega(s) \tag{4.20}$$

$$-2\xi^T(t) M \int_{t-\tau(t)}^{t-h_1} g_2(s) \mathrm{d}\omega(s) \mathrm{d}s \leqslant \xi^T(t) M Z_4^{-1} M^T \xi(t)$$

$$+ \int_{t-\tau(t)}^{t-h_1} g_2^T(s) \mathrm{d}\omega(s) Z_4 \int_{t-\tau(t)}^{t-h_1} g_2^T(s) \mathrm{d}\omega(s) \tag{4.21}$$

其中:

$$N = \begin{bmatrix} N_1^T & N_2^T & 0 & 0 & 0 & 0 & 0 & 0 & 0 & 0 \end{bmatrix}^T$$

$$M = \begin{bmatrix} M_1^T & M_2^T & 0 & 0 & 0 & 0 & 0 & 0 & 0 & 0 \end{bmatrix}^T$$

$$S = \begin{bmatrix} S_1^T & S_2^T & 0 & 0 & 0 & 0 & 0 & 0 & 0 & 0 \end{bmatrix}^T$$

利用伊藤微分公式[128]，沿着系统式（4.4）解的轨迹，分别求 $V_1(x(t),t)$，$V_2(x(t),t)$，$V_3(x(t),t)$ 对时间的导数:

$$\mathcal{L}V_1(x(t),t) \leqslant 2x^T(t) P g_1(t) + trace(g_2^T(t) P g_2(t)) + x^T(t) Q_1 x(t)$$

$$- (1-h_d) x^T(t-\tau(t)) Q_1 x(t-\tau(t))$$

$$+ f^T(x(t)) Q_2 f(x(t)) - (1-h_d) f^T(x(t-\tau(t))) Q_2 f(x(t-\tau(t)))$$

$$+ x^T(t) R_1 x(t) - x^T(t-h_1) R_1 x(t-h_1) + x^T(t) R_2 x(t)$$

$$- x^T(t-h_2) R_2 x(t-h_2) \tag{4.22}$$

$$\mathcal{L}V_2(x(t),t) = g_1^T(t) [h_2 Z_1 + (h_2 - h_1) Z_2] g_1(t)$$

$$- \int_{t-h_2}^{t-\tau(t)} g_1^T(t)(Z_1 + Z_2)g_1(t)\,\mathrm{d}s$$

$$- \int_{t-\tau(t)}^{t} g_1^T(t)Z_1 g_1(t)\,\mathrm{d}s - \int_{t-\tau(t)}^{t-h_1} g_1^T(t)Z_2 g_1(t)\,\mathrm{d}s$$

$$+ h_2 trace(g_2^T(t)Z_3 g_2(t)) + (h_2 - h_1)trace(g_2^T(t)Z_4 g_2(t))$$

$$- \int_{t-h_2}^{t-\tau(t)} trace(g_2^T(t)(Z_3 + Z_4)g_2(t))\,\mathrm{d}s$$

$$- \int_{t-\tau(t)}^{t} trace(g_2^T(t)Z_3 g_2(t))\,\mathrm{d}s - \int_{t-\tau(t)}^{t-h_1} trace(g_2^T(t)Z_4 g_2(t))\,\mathrm{d}s$$

$$(4.23)$$

$$\mathcal{L}V_3(x(t),t) = \sum_{i=1}^n e_i \int_0^\infty k_i(\xi)f_i^2(x_i(t))\,\mathrm{d}\xi - \sum_{i=1}^n e_i \int_0^\infty k_i(\xi)f_i^2(x_i(t-\xi))\,\mathrm{d}\xi$$

$$= f^T(x(t))Ef(x(t)) - \sum_{i=1}^n e_i \int_0^\infty k_i(\xi)\mathrm{d}\xi \int_0^\infty k_i(\xi)f_i^2(x_i(t-\xi))\,\mathrm{d}\xi$$

$$\leqslant f^T(x(t))Ef(x(t)) - \sum_{i=1}^n e_i \left(\int_0^\infty k_i(\xi)f_i(x_i(t-\xi))\,\mathrm{d}\xi \right)^2$$

$$= f^T(x(t))Ef(x(t))$$

$$- \left(\int_{-\infty}^t K(t-s)f(x(s))\,\mathrm{d}s \right)^T E \left(\int_{-\infty}^t K(t-s)f(x(s))\,\mathrm{d}s \right)$$

$$(4.24)$$

将式 (4.8)、式 (4.12) ~式 (4.24) 代入 V 的导数式：

$$\mathcal{L}V(x(t),t) \leqslant \xi^T(t)\Xi\xi(t) + \int_{t-h_2}^{t-\tau(t)} g_2^T(s)\mathrm{d}\omega(s)(Z_3 + Z_4)\int_{t-h_2}^{t-\tau(t)} g_2^T(s)\mathrm{d}\omega(s)$$

$$+ \int_{t-\tau(t)}^{t} g_2^T(s)\mathrm{d}\omega(s)Z_3 \int_{t-\tau(t)}^{t} g_2^T(s)\mathrm{d}\omega(s)$$

$$+ \int_{t-\tau(t)}^{t-h_1} g_2^T(s)\mathrm{d}\omega(s)Z_4 \int_{t-\tau(t)}^{t-h_1} g_2^T(s)\mathrm{d}\omega(s)$$

$$- \int_{t-h_2}^{t-\tau(t)} trace(g_2^T(t)(Z_3 + Z_4)g_2(t))\,\mathrm{d}s$$

$$- \int_{t-\tau(t)}^{t} trace(g_2^T(t)Z_3 g_2(t))\,\mathrm{d}s$$

$$- \int_{t-\tau(t)}^{t-h_1} trace(g_2^T(t)Z_4 g_2(t))\,\mathrm{d}s \qquad (4.25)$$

其中

$$\xi^T(t) = \begin{bmatrix} x^T(t) & x^T(t-\tau(t)) & f^T(x(t)) & f^T(x(t-\tau(t))) \end{bmatrix}$$

$$x^T(t-h_1) \quad x^T(t-h_2) \quad \left(\int_{-\infty}^t K(t-s)f(x(s))\mathrm{d}s \right)^T \Big]$$

注意到：

$$\mathrm{E}\left\{ \int_{t-h_2}^{t-\tau(t)} g_2^T(s)\mathrm{d}\omega(s)(Z_3+Z_4)\int_{t-h_2}^{t-\tau(t)} g_2^T(s)\mathrm{d}\omega(s) \right\}$$

$$= \mathrm{E}\left\{ \int_{t-h_2}^{t-\tau(t)} trace(g_2^T(s)(Z_3+Z_4)g_2(s))\mathrm{d}s \right\}$$

$$\mathrm{E}\left\{ \int_{t-\tau(t)}^{t} g_2^T(s)\mathrm{d}\omega(s)Z_3\int_{t-\tau(t)}^{t} g_2^T(s)\mathrm{d}\omega(s) \right\}$$

$$= \mathrm{E}\left\{ \int_{t-\tau(t)}^{t} trace(g_2^T(s)Z_3 g_2(s))\mathrm{d}s \right\}$$

$$\mathrm{E}\left\{ \int_{t-\tau(t)}^{t-h_1} g_2^T(s)\mathrm{d}\omega(s)Z_4\int_{t-\tau(t)}^{t-h_1} g_2^T(s)\mathrm{d}\omega(s) \right\}$$

$$= \mathrm{E}\left(\int_{t-\tau(t)}^{t-h_1} trace(g_2^T(s)Z_4 g_2(s))\mathrm{d}s \right)$$

当 $\Xi < 0$，对所有 $x(t)(x(t)=0$ 除外），下式成立：

$$\mathrm{E}[\mathrm{d}V(x(t))] = \mathrm{E}[\mathcal{L}V(x(t))\mathrm{d}t] < 0$$

其中 E 为数学期望算子。

应用舒尔补充条件，容易看出式（4.9）等价于 $\Xi < 0$。那么由李雅普诺夫稳定性定理可知，具有区间和分布时变时滞的随机神经网络式（4.4）在均方意义下是全局渐近稳定的。定理4.1 证明完毕。

注4.3　定理4.1 得到了一个既与时滞区间相关又与导数相关的稳定性判定准则。定理4.1 解决了一类具有区间和分布时变时滞的神经网络在均方意义下的随机稳定性问题。然而，文献［146］中的结论仅考虑时滞区间从 0 到上界的情形。此外，文献［146］中的结论仅适用于 $\dot{\tau}(t) \leqslant h_d < 1$ 的假设条件下。但在定理4.1 中，该限制条件已经被去除。因此，

对于这种情况，在文献［146］中的结论具有较大的保守性。

情形 1 定理 4.1 适用于任意时滞导数 h_d，但 h_d 应为已知。然而，在很多情况下，时滞的导数是未知的。事实上，当 $h_d \geq 1$ 时，Q_1，Q_2 对降低稳定性充分条件的保守性不再有帮助。因此，在定理 4.1 中设 $Q_1 = Q_2 = 0$，可以导出一个仅满足 $0 \leq h_1 \leq \tau(t) \leq h_2$，与导数无关的稳定性判定准则，见推论 4.1。

推论 4.1 对于给定常量 $0 \leq h_1 < h_2$，系统式（4.4）在均方意义下是全局渐近稳定的，如果存在矩阵 $P > 0$，$R_i = R_i^T \geq 0$，$i = 1, 2$，$Z_j = Z_j^T > 0$，$j = 1, 2, 3, 4$，$T_j = diag\{t_{1j}, t_{2j}, \cdots, t_{nj}\} \geq 0$，$j = 1, 2$，$S_i$，$N_i$，$M_i$，$i = 1, 2$ 和三个正常量 ρ_1，ρ_2，ρ_3，使得式（4.26）和式（4.27）成立：

$$\begin{bmatrix} \tilde{\Xi}_{11} & \Xi_{12} & \Xi_{13} \\ * & -\Xi_{22} & 0 \\ * & * & -\Xi_{33} \end{bmatrix} < 0 \tag{4.26}$$

$$P \leq \rho_1 I, \quad Z_3 \leq \rho_2 I, \quad Z_4 \leq \rho_3 I \tag{4.27}$$

其中：

$$\tilde{\Xi}_{11} = \begin{bmatrix} \tilde{Y}_{11} & Y_{12} & PB+LT_1 & PC & M_1 & -S_1 & PD & -A^T U \\ * & \tilde{Y}_{22} & 0 & LT_2 & M_2 & -S_2 & 0 & 0 \\ * & * & E-2T_1 & 0 & 0 & 0 & 0 & B^T U \\ * & * & * & -2T_2 & 0 & 0 & 0 & C^T U \\ * & * & * & * & -R_1 & 0 & 0 & 0 \\ * & * & * & * & * & -R_2 & 0 & 0 \\ * & * & * & * & * & * & -E & D^T U \\ * & * & * & * & * & * & * & -U \end{bmatrix}$$

$$\tilde{Y}_{11} = -2PA + (\rho_1 + h_2\rho_2 + (h_2 - h_1)\rho_3)D_0 + R_1 + R_2 + 2N_1$$

$$\tilde{Y}_{22} = (\rho_1 + h_2\rho_2 + (h_2 - h_1)\rho_3)D_1 + 2S_2 - 2N_2 - 2M_2$$

其余参数与定理 4.1 中定义的相同。

利用与证明定理 4.1 相类似的方法，证明推论 4.1 的结论较为简单，故在此将其省略。

注 4.4　应该指出，本章导出的推论 4.1 不仅适用于时滞 $\tau(t)$ 是连续可微的情形，也适用于时滞 $\tau(t)$ 连续但它的导数却不存在的情形。

情形 2　在很多情况下，时滞的区间范围是从 0 到上界。在这种情形下，通过设 $M_1 = M_2 = 0$，$R_1 = Z_2 = Z_4 = 0$，从定理 4.1 可导出以下与时滞相关以及与导数相关的稳定性判定准则。

推论 4.2　对于给定常量 $h_1 = 0$，$0 < h_2$，h_d，系统式（4.4）在均方意义下是全局渐近稳定的，如果存在矩阵 $P > 0$，$Q_i = Q_i^T \geq 0$，$i = 1, 2$，$R_2 = R_2^T \geq 0$，$Z_j = Z_j^T > 0$，$j = 1, 3$，$T_j = diag\{t_{1j}, t_{2j}, \cdots, t_{nj}\} \geq 0$，$j = 1, 2$，$S_i$，$N_i$，$i = 1, 2$，和两个正常量 ρ_1，ρ_2，使得式（4.28）和式（4.29）成立：

$$\begin{bmatrix} \hat{\Xi}_{11} & \hat{\Xi}_{12} & \hat{\Xi}_{13} \\ * & -\hat{\Xi}_{22} & 0 \\ * & * & -\hat{\Xi}_{33} \end{bmatrix} < 0 \tag{4.28}$$

$$P \leq \rho_1 I, \quad Z_3 \leq \rho_2 I \tag{4.29}$$

其中，

$$\hat{\Xi}_{11} = \begin{bmatrix} \hat{Y}_{11} & \hat{Y}_{12} & PB + LT_1 & PC & -S_1 & PD & -h_2 A^T Z_1 \\ * & \hat{Y}_{22} & 0 & LT_2 & -S_2 & 0 & 0 \\ * & * & Y_{33} & 0 & 0 & 0 & h_2 B^T Z_1 \\ * & * & * & Y_{44} & 0 & 0 & h_2 C^T Z_1 \\ * & * & * & * & -R_2 & 0 & 0 \\ * & * & * & * & * & -E & h_2 D^T Z_1 \\ * & * & * & * & * & * & -h_2 Z_1 \end{bmatrix},$$

$$\hat{\Xi}_{13} = \begin{bmatrix} S_1 & N_1 \\ S_2 & N_2 \\ 0 & 0 \\ 0 & 0 \\ 0 & 0 \\ 0 & 0 \\ 0 & 0 \end{bmatrix},$$

$$\hat{\Xi}_{12} = \hat{\Xi}_{13} diag\{h_2, h_2\},$$

$$\hat{\Xi}_{22} = diag\{h_2 Z_1, h_2 Z_1\},$$

$$\hat{\Xi}_{33} = diag\{Z_3, Z_3\},$$

$$\hat{Y}_{11} = -2PA + (\rho_1 + h_2\rho_2)D_0 + Q_1 + R_2 + 2N_1,$$

$$\hat{Y}_{12} = S_1 + N_2^T - N_1,$$

$$\hat{Y}_{22} = (\rho_1 + h_2\rho_2)D_1 - (1 - h_d)Q_1 + 2S_2 - 2N_2$$

其余参数与定理 4.1 中定义的相同。

利用与证明定理 4.1 相类似的方法,证明推论 4.2 的结论较为简单,故在此将其省略。

情形 3 假设系统模型式 (4.4) 既无随机噪声也无参数不确定,则该神经网络模型描述如下:

$$\dot{x}(t) = -Ax(t) + Bf(x(t)) + Cf(x(t - \tau(t))) + D\int_{-\infty}^{t} K(t - s)f(x(s))ds$$

$$(4.30)$$

其中参数与式 (4.4) 中定义的相同。据此,可导出以下推论 4.3。

推论 4.3 对于给定常量 $0 \leqslant h_1 < h_2$, h_d, 系统式 (4.30) 是全局渐近稳定的,如果存在矩阵 $P > 0$, $Q_i = Q_i^T \geqslant 0$, $R_i = R_i^T \geqslant 0$, $i = 1$, 2, $Z_j = Z_j^T > 0$, $j = 1$, 2, $T_j = diag\{t_{1j}, t_{2j}, \cdots, t_{nj}\} \geqslant 0$, $j = 1$, 2, S_i, N_i, M_i, $i = $

1，2，使得以下式（4.31）成立：

$$\begin{bmatrix} \widehat{\Xi}_{11} & \Xi_{12} \\ * & -\Xi_{22} \end{bmatrix} < 0 \tag{4.31}$$

其中，

$$\Xi_{11} = \begin{bmatrix} \widehat{Y}_{11} & Y_{12} & PB+LT_1 & PC & M_1 & -S_1 & PD & -A^TU \\ * & \widehat{Y}_{22} & 0 & LT_2 & M_2 & -S_2 & 0 & 0 \\ * & * & Y_{33} & 0 & 0 & 0 & 0 & B^TU \\ * & * & * & Y_{44} & 0 & 0 & 0 & C^TU \\ * & * & * & * & -R_1 & 0 & 0 & 0 \\ * & * & * & * & * & -R_2 & 0 & 0 \\ * & * & * & * & * & * & -E & D^TU \\ * & * & * & * & * & * & * & -U \end{bmatrix},$$

$$\widehat{Y}_{11} = -2PA + Q_1 + R_1 + R_2 + 2N_1,$$

$$\widehat{Y}_{22} = -(1-h_d)Q_1 + 2S_2 - 2N_2 - 2M_2$$

其余参数与定理 4.1 中定义的相同。

证明推论 4.3 的结论较为简单，故在此将其省略。

4.4 带区间与分布时滞的不确定随机神经网络的全局鲁棒稳定性

下面讨论系统模型式（4.4）既有随机噪声也有参数不确定的情形。不确定参数 ΔA，ΔB，ΔC 和 ΔD 满足假设 4.1，时变时滞满足假设 4.2。

定理 4.2 对于给定常量 $0 \leqslant h_1 < h_2$，h_d，系统式（4.4）在均方意义下是全局渐近鲁棒稳定的，如果存在矩阵 $P > 0$，$Q_i = Q_i^T \geqslant 0$，$R_i = R_i^T \geqslant 0$，

$i = 1$, 2, $Z_j = Z_j^T > 0$, $j = 1$, 2, 3, 4, $T_j = diag\{t_{1j}, t_{2j}, \cdots, t_{nj}\} \geqslant 0$, $j = 1$, 2, S_i, N_i, M_i, $i = 1$, 2, 七个正常量 ρ_1, ρ_2, ρ_3, ε_i ($i = 1$, 2, 3, 4),使得式(4.32)和式(4.33)成立:

$$\begin{bmatrix} \Gamma & \Omega_1 & \Omega_3 & \Omega_5 & \Omega_7 \\ * & -\varepsilon_1 I & 0 & 0 & 0 \\ * & * & -\varepsilon_2 I & 0 & 0 \\ * & * & * & -\varepsilon_3 I & 0 \\ * & * & * & * & -\varepsilon_4 I \end{bmatrix} < 0 \qquad (4.32)$$

$$P \leqslant \rho_1 I, \quad Z_3 \leqslant \rho_2 I, \quad Z_4 \leqslant \rho_3 I \qquad (4.33)$$

其中,

$$\Gamma = \begin{bmatrix} \Xi_{11} + \Omega & \Xi_{12} & \Xi_{13} \\ * & \Xi_{22} & 0 \\ * & * & \Xi_{33} \end{bmatrix},$$

$$\Omega = diag\{\varepsilon_1 E_1^T E_1, 0, \varepsilon_2 E_2^T E_2, \varepsilon_3 E_3^T E_3, 0, 0, \varepsilon_4 E_4^T E_4, 0\},$$

$$\Omega_1 = [H_1^T P^T \quad 0 \quad 0 \quad 0 \quad 0 \quad 0 \quad 0 \quad H_1^T U^T]^T,$$

$$\Omega_3 = [H_2^T P^T \quad 0 \quad 0 \quad 0 \quad 0 \quad 0 \quad 0 \quad H_2^T U^T]^T,$$

$$\Omega_5 = [H_3^T P^T \quad 0 \quad 0 \quad 0 \quad 0 \quad 0 \quad 0 \quad H_3^T U^T]^T,$$

$$\Omega_7 = [H_4^T P^T \quad 0 \quad 0 \quad 0 \quad 0 \quad 0 \quad 0 \quad H_4^T U^T]^T$$

其余参数与定理4.1中定义的相同。

证明:利用舒尔补充条件和式(4.5),系统式(4.4)在均方意义下是全局渐近鲁棒稳定的,如果以下不等式成立:

$$\Xi_{11} + 2\Omega_1 F_1(t)\Omega_2^T + 2\Omega_3 F_2(t)\Omega_4^T + 2\Omega_5 F_3(t)\Omega_6^T$$
$$+ 2\Omega_7 F_4(t)\Omega_8^T + \Xi_{12}\Xi_{22}^{-1}\Xi_{12}^T + \Xi_{13}\Xi_{33}^{-1}\Xi_{13}^T < 0 \qquad (4.34)$$

由引理4.1和式(4.6)可知,不等式(4.34)将成立,如果以下不等式成立:

$$\Xi_{11} + \varepsilon_1^{-1}\Omega_1\Omega_1^T + \varepsilon_1\Omega_2\Omega_2^T + \varepsilon_2^{-1}\Omega_3\Omega_3^T + \varepsilon_2\Omega_4\Omega_4^T + \varepsilon_3^{-1}\Omega_5\Omega_5^T$$

$$+ \varepsilon_3\Omega_6\Omega_6^T + \varepsilon_4^{-1}\Omega_7\Omega_7^T + \varepsilon_4\Omega_8\Omega_8^T + \Xi_{12}\Xi_{22}^{-1}\Xi_{12}^T + \Xi_{13}\Xi_{33}^{-1}\Xi_{13}^T$$

$$= \Xi_{11} + \Omega + \varepsilon_1^{-1}\Omega_1\Omega_1^T + \varepsilon_2^{-1}\Omega_3\Omega_3^T + \varepsilon_3^{-1}\Omega_5\Omega_5^T + \varepsilon_4^{-1}\Omega_7\Omega_7^T$$

$$+ \Xi_{12}\Xi_{22}^{-1}\Xi_{12}^T + \Xi_{13}\Xi_{33}^{-1}\Xi_{13}^T < 0 \tag{4.35}$$

其中：

$$\Omega_2 = \begin{bmatrix} -E_1 & 0 & 0 & 0 & 0 & 0 & 0 & 0 \end{bmatrix}^T$$

$$\Omega_4 = \begin{bmatrix} 0 & 0 & E_2 & 0 & 0 & 0 & 0 & 0 \end{bmatrix}^T$$

$$\Omega_6 = \begin{bmatrix} 0 & 0 & 0 & E_3 & 0 & 0 & 0 & 0 \end{bmatrix}^T$$

$$\Omega_8 = \begin{bmatrix} 0 & 0 & 0 & 0 & 0 & 0 & E_2 & 0 \end{bmatrix}^T$$

$\varepsilon_1 > 0$，$\varepsilon_2 > 0$，$\varepsilon_3 > 0$，$\varepsilon_4 > 0$ 和 Ω、Ω_1、Ω_3、Ω_5、Ω_7 见式（4.32）中的定义。

那么，应用舒尔补充条件，不等式（4.35）就等价于式（4.32）。因此，如果式（4.32）和式（4.33）成立，系统式（4.4）在均方意义下就是全局渐近鲁棒稳定的。定理 4.2 证明完毕。

4.5 　数值仿真算例

下面给出三个数值算例说明结论的有效性。

例 4.1 　考虑下面具有区间和分布时滞的三神经元时滞神经网络系统，模型描述如下：

$$dx(t) = \Big[-Ax(t) + Bf(x(t)) + Cf(x(t-\tau(t)))$$

$$+ D\int_{-\infty}^{t} K(t-s)f(x(s))ds \Big]dt$$

$$+ \sigma(t,x(t),x(t-\tau(t)))d\omega(t) \tag{4.36}$$

其中：

$$A = \begin{bmatrix} 2.5 & 0 & 0 \\ 0 & 3.6 & 0 \\ 0 & 0 & 3.5 \end{bmatrix}, \quad B = \begin{bmatrix} 0.4 & -1 & 0 \\ -1.4 & 0.1 & 0.4 \\ 0.3 & 0 & 0.5 \end{bmatrix},$$

$$C = \begin{bmatrix} -0.5 & 0.7 & 0 \\ -0.8 & -1 & 0 \\ 0 & 0.6 & -0.1 \end{bmatrix}, \quad D = \begin{bmatrix} 0.3 & 0.5 & 0 \\ 0.5 & 0.3 & 0 \\ 0.4 & 0 & 0.1 \end{bmatrix},$$

$$L = I, D_0 = D_1 = diag\{0.03, 0.02, 0.01\}$$

应用定理 4.1，对于不同条件下，系统式（4.36）稳定时的时滞最大上界 h_2 的取值见表 4.1。

表 4.1　　　　变量 h_1 和 h_d 不同取值的时滞上界

h_1	$h_d = 0.6$	$h_d = 0.9$	$h_d = 1.2$	unknown h_d
0	2.4918	0.9729	0.8207	0.8207
1	2.5305	1.4853	1.4286	1.4286
2	2.7136	2.4026	2.3564	2.3564

例 4.2　考虑下面具有区间和分布时滞的双神经元时滞神经网络系统，模型描述如下：

$$\begin{aligned} dx(t) = & \left[-Ax(t) + Bf(x(t)) + Cf(x(t-\tau(t))) \right. \\ & + D \int_{-\infty}^{t} K(t-s)f(x(s))ds \Big] dt \\ & + \sigma(t, x(t), x(t-\tau(t)))d\omega(t) \end{aligned} \tag{4.37}$$

其中，

$$A = \begin{bmatrix} 2 & 0 \\ 0 & 2 \end{bmatrix}, \quad B = \begin{bmatrix} 0.3 & -0.2 \\ -0.2 & 0.1 \end{bmatrix}, \quad C = \begin{bmatrix} 0.4 & 0.1 \\ 0.3 & 0.2 \end{bmatrix},$$

$$D = \begin{bmatrix} 0.6 & 0.5 \\ 0.4 & -0.6 \end{bmatrix}, \quad D_0 = D_1 = diag\{0.1, 0.2\},$$

$$f(x) = \tanh x, L = I, \tau(t) = 2.1 + 0.9 \mid \sin t \mid,$$
$$h_1 = 2.1, h_2 = 3.0$$

通过 LMI 工具箱求解推论 4.1 中的式（4.26）和式（4.27），得到下面的一组可行解，限于篇幅仅列举可行解的一部分：

$$P = \begin{bmatrix} 2.8903 & 0.0086 \\ 0.0086 & 3.0832 \end{bmatrix}, \quad R_1 = \begin{bmatrix} 1.1601 & 0.0443 \\ 0.0443 & 1.7510 \end{bmatrix},$$

$$R_2 = \begin{bmatrix} 1.3257 & 0.0815 \\ 0.0815 & 1.9981 \end{bmatrix}, \quad S_1 = \begin{bmatrix} -0.2086 & -0.0616 \\ -0.1300 & -0.1918 \end{bmatrix},$$

$$E = diag\{2.2150, 2.2150\},$$

$$T_1 = diag\{2.7142, 2.7142\}, T_2 = diag\{0.7851, 0.7851\},$$

$$\rho_1 = 3.3135, \quad \rho_2 = 0.4538, \quad \rho_3 = 2.9983$$

显然，当推论 4.1 中的充分条件满足时，在本例中描述的系统式（4.37）在均方意义下是全局渐近鲁棒稳定的。注意到，因为本例中的时滞不满足连续可微条件，故文献［146］中的结论不能应用于本例。因此，与文献［146］中的结论相比，推论 4.1 的结论具有较少的保守性。

例 4.3　考虑下面具有区间和分布时滞的三神经元不确定时滞随机神经网络系统，模型描述如下：

$$dx(t) = \Big[-(A + \Delta A)x(t) + (B + \Delta B)f(x(t)) + (C + \Delta C)f(x(t - \tau(t)))$$
$$+ (D + \Delta D) \int_{-\infty}^{t} K(t - s)f(x(s))ds \Big] dt$$
$$+ \sigma(t, x(t), x(t - \tau(t)))d\omega(t) \tag{4.38}$$

其中，

$$A = \begin{bmatrix} 2.5 & 0 & 0 \\ 0 & 3.7 & 0 \\ 0 & 0 & 3.6 \end{bmatrix}, \quad B = \begin{bmatrix} 0.5 & -1 & 0.4 \\ -1.2 & 0.1 & 0.5 \\ 0.3 & 0.3 & 0.2 \end{bmatrix},$$

$$C = \begin{bmatrix} -0.6 & 0.6 & 0.1 \\ -1.2 & -1.1 & 0.2 \\ 0.1 & 0.6 & -0.1 \end{bmatrix}, \quad D = \begin{bmatrix} 0.2 & 0.4 & 0.3 \\ 0.5 & 0.3 & -0.1 \\ 0.4 & 0.1 & 0.1 \end{bmatrix},$$

$$D_0 = D_1 = diag\{0.01, 0.02, 0.01\},$$

$$E_1 = E_2 = E_3 = E_4 = 0.2I,$$

$$H_1 = H_2 = H_3 = H_4 = 0.1I,$$

$$f(x) = \tanh x, L = I, \tau(t) = 0.6 + 0.6\sin^2 t,$$

$$h_1 = 0.6, h_2 = 1.2, h_d = 0.6$$

通过 LMI 工具箱求解定理 4.2 中的式（4.32）和式（4.33），可知在本例中描述的系统式（4.38）在均方意义下是全局渐近鲁棒稳定的，并得到下面的一个可行解，限于篇幅仅列举可行解的一部分：

$$P = \begin{bmatrix} 101.1481 & 4.5804 & -14.6790 \\ 4.5804 & 102.3122 & 1.9977 \\ -14.6790 & 1.9977 & 115.4175 \end{bmatrix},$$

$$Q_1 = \begin{bmatrix} 44.4373 & 31.4858 & -30.0387 \\ 31.4858 & 89.8655 & -15.4258 \\ -30.0387 & -15.4258 & 93.0607 \end{bmatrix},$$

$$Q_2 = \begin{bmatrix} 58.7700 & 71.8590 & -21.5484 \\ 71.8590 & 129.1950 & -12.2423 \\ -21.5484 & -12.2423 & 56.4139 \end{bmatrix},$$

$$T_1 = diag\{175.9225, 175.9225, 175.9225\},$$

$$E = diag\{58.2172, 58.2172, 58.2172\},$$

$$\rho_1 = 174.3218, \quad \rho_2 = 146.6397, \quad \rho_3 = 149.6387,$$

$$\varepsilon_1 = 82.1353, \quad \varepsilon_2 = 79.7566, \quad \varepsilon_3 = 73.1200, \quad \varepsilon_4 = 80.7850$$

4.6　本章小结

本章研究了具有区间时变时滞和分布时滞的不确定随机神经网络系统的全局渐进稳定性和全局鲁棒稳定性问题。当计算定义李雅普诺夫 – 克拉索夫斯基泛函导数的上界时，通过考虑时变时滞和时滞的下界与上界之间的关系，得到了几个稳定性判定准则。本章在计算李雅普诺夫 – 克拉索夫斯基泛函导数的上界时，利用自由权值矩阵方法，不采用任何系统变换，也未使用任何不等式来估计李雅普诺夫 – 克拉索夫斯基泛函导数的上界，所得的结论有效降低了已有稳定性判定准则的保守性。同时，这些稳定性判定准则既适用于慢时滞也适用于快时滞。三个数值算例验证了在本章结论的有效性。

第 5 章

不确定时滞随机 BAM 神经
网络的均方稳定性

本章研究带区间时滞和随机干扰的不确定双向联想记忆（BAM）神经网络在均方意义下的全局渐近鲁棒稳定性问题。通过应用随机分析方法和构造适当的李雅普诺夫－克拉索夫斯基泛函，导出了几个新的稳定性判定准则，用以保证时滞 BAM 神经网络在均方意义下是全局渐近鲁棒稳定的。与现有大多数 BAM 神经网络的均方稳定性充分条件不同，本章得到的稳定性判定准则已经去除了时变时滞的导数必须小于 1 和时变时滞的下界必须等于 0 这两个限制条件。此外，本章所得的稳定性充分条件是与时滞区间相关以及与导数相关（或无关）的。同时，这些准则既适用于慢时滞也适用于快时滞。

5.1 引　　言

科斯克于 20 世纪 80 年代末和 90 年代初提出了双向联想记忆神经网络模型[1-3]，其模型如下：

$$\begin{cases} \dot{x}_i(t) = -a_i x_i(t) + \sum_{j=1}^{m} p_{ji} f(y_j(t)) + I_i, & i = 1, 2, \cdots, n \\ \dot{y}_j(t) = -b_j y_j(t) + \sum_{i=1}^{n} q_{ij} g_i(x_i(t)) + J_j, & j = 1, 2, \cdots, m \end{cases}$$

其中 $f(\cdot)$ 为有界单调递增函数，显然，它是霍普菲尔德神经网络的直接推广。与霍普菲尔德神经网络相比，它不仅具有很强的容错性、抗干扰性，而且是大规模并行处理的，在模式识别、信号处理、故障诊断、图像毕业论文处理等领域都表现出独有的优越性。因此，许多学者对这个模型进行了改进并深入研究。

文献[138]利用李雅普诺夫 – 克拉索夫斯基泛函和线性矩阵不等式（LMI）研究了一类马尔可夫（Markovian）跳越时滞神经网络的随机指数稳定性。赛义德·阿里（Syed Ali）等人研究了在高木 – 关野（Takagi-Sugeno）模糊模型下不确定随机模糊时滞神经网络的全局渐近稳定性[173]。文献［139］研究了一类具有混合时滞和参数不确定的随机双向联想记忆神经网络的全局渐近稳定性问题。文献［175］研究了具有离散时滞的随机混合双向联想记忆神经网络的稳定性问题，他们利用非负半鞅收敛理论导出了用以保证该网络在平衡点指数稳定的时滞无关充分条件。文献［176］研究了一类随机时滞双向联想记忆神经网络的稳定性问题，导出了在平衡点保证其几乎必然指数稳定、ρth 指数稳定和均方指数稳定的充分条件。

受以上讨论的启发，本章将研究具有区间时滞和随机干扰的不确定双向联想记忆神经网络的全局鲁棒稳定性问题。通过构造适当的李雅普诺夫 – 克拉索夫斯基泛函，并引入自由权值矩阵方法和随机分析方法，得到了一些新的稳定性判定准则。与绝大多数有关双向联想记忆神经网络的均方稳定性判定准则不同，时滞的导数必须小于 1 这一条件已被去除，同时时滞的下界也可以不必严格限定为 0。这些稳定性判定准则为时滞区间相关和导数相关，既适用于慢时滞也适用于快时滞。

5.2　问题描述与相关预备知识

考虑下面具有区间时滞的不确定 BAM 神经网络模型：

$$
\begin{cases}
\dfrac{\mathrm{d}u_{1i}(t)}{\mathrm{d}t} = -\,(a_{1i} + \Delta a_{1i})u_{1i}(t) + \sum_{j=1}^{m}(w_{1ji} + \Delta w_{1ji}) \\
\qquad\qquad \times \tilde{f}_{1j}(u_{2j}(t - \tau_{2j}(t))) + I_i,\, i = 1,2,\cdots,n \\
\dfrac{\mathrm{d}u_{2j}(t)}{\mathrm{d}t} = -\,(a_{2j} + \Delta a_{2j})u_{2j}(t) + \sum_{i=1}^{n}(w_{2ij} + \Delta w_{2ij}) \\
\qquad\qquad \times \tilde{f}_{2i}(u_{1i}(t - \tau_{1i}(t))) + J_j,\, j = 1,2,\cdots,m
\end{cases}
\tag{5.1}
$$

其中：$u_{1i}(t)$ 和 $u_{2j}(t)$ 分别是第 i 个神经元和第 j 个神经元的状态；$\tilde{f}_{1j}(\cdot)$，$\tilde{f}_{2i}(\cdot)$ 分别表示第 i 个神经元和第 j 个神经元的激活函数和信号传输函数；I_i, J_j 表示在 t 时刻的外部输入；a_{1i}, a_{2j} 为正数，分别表示第 i 个神经元和第 j 个神经元的神经元充电时间常数和被动衰减率；w_{1ji}, w_{2ij} 表示突触连接权值；$\tau_{1i}(t), \tau_{2j}(t)$ 为时变时滞。

有关系统式（5.1）的初始条件假设如下：

$$
\begin{cases}
u_{1i}(s) = \phi_{u1i}(s),\, t \in [-\bar{\tau}_1, 0],\, i = 1,2,\cdots,n \\
u_{2j}(s) = \phi_{u2j}(t),\, t \in [-\bar{\tau}_2, 0],\, j = 1,2,\cdots,m
\end{cases}
$$

本章做如下假设。

假设 5.1 在系统式（5.1）神经元激活函数 $\tilde{f}_{1j}(\cdot)$ 和 $\tilde{f}_{2i}(\cdot)$ 有界，且存在正数 $l_j^{(1)} > 0$ 和 $l_i^{(2)} > 0$ 满足

$$
|\tilde{f}_{1j}(\xi_1) - \tilde{f}_{1j}(\xi_2)| \leqslant l_j^{(1)}|\xi_1 - \xi_2|,
$$

$$
|\tilde{f}_{2i}(\xi_1) - \tilde{f}_{2i}(\xi_2)| \leqslant l_i^{(2)}|\xi_1 - \xi_2|
$$

$$
\forall \xi_1, \xi_2 \in R, \quad i = 1,2,\cdots,n, j = 1,2,\cdots,m
$$

按照通常做法，假设 $u_1^* = (u_{11}^*, u_{12}^*, \cdots, u_{1n}^*)^T, u_2^* = (u_{21}^*, u_{22}^*, \cdots, u_{2m}^*)^T$ 是系统式（5.1）的平衡点。为了简化证明过程，通过变换 $x_{1i}(t) = u_{1i}(t) -$

u_{1i}^{*} ，$x_{2j}(t) = u_{2j}(t) - u_{2j}^{*}$，$f_{2i}(x_{1i}(t)) = \tilde{f}_{2i}(x_{1i}(t) + u_{1i}^{*}) - \tilde{f}_{2i}(u_{1i}^{*})$，

$f_{1j}(u_{2j}(t)) = \tilde{f}_{1j}(u_{2j}(t) + u_{2j}^{*}) - \tilde{f}_{1j}(u_{2j}^{*})$，转换系统式（5.1）的平衡点到新系统的原点，得到以下系统模型：

$$
\begin{cases}
\dot{x}_{1i}(t) = -(a_{1i} + \Delta a_{1i})x_{1i}(t) + \sum\limits_{j=1}^{m}(w_{1ji} + \Delta w_{1ji}) \\
\qquad\quad \times f_{1j}(x_{2j}(t - \tau_{2j}(t))), \quad i = 1,2,\cdots,n \\
\dot{x}_{2j}(t) = -(a_{2j} + \Delta a_{2j})x_{2j}(t) + \sum\limits_{i=1}^{n}(w_{2ij} + \Delta w_{2ij}) \\
\qquad\quad \times f_{2i}(x_{1i}(t - \tau_{1i}(t))), \quad j = 1,2,\cdots,m
\end{cases}
\tag{5.2}
$$

将式（5.2）改写为矩阵形式，则有：

$$
\begin{cases}
\dot{x}_1(t) = -(A_1 + \Delta A_1)x_1(t) + (W_1 + \Delta W_1)f_1(x_2(t - \tau_2(t))) \\
\dot{x}_2(t) = -(A_2 + \Delta A_2)x_2(t) + (W_2 + \Delta W_2)f_2(x_1(t - \tau_1(t)))
\end{cases}
$$

$$\tag{5.3}$$

其中，

$$
\begin{aligned}
&x_1(t) = (x_{11}(t),x_{12}(t),\cdots,x_{1n}(t))^T, \\
&x_2(t) = (x_{21}(t),x_{22}(t),\cdots,x_{2m}(t))^T, \\
&A_1 = diag\{a_{11},a_{12},\cdots,a_{1n}\}, \\
&A_2 = diag\{a_{21},a_{22},\cdots,a_{2m}\}, \\
&W_1 = [(w_{1ji})_{m \times n}]^T, W_2 = [(w_{2ij})_{n \times m}]^T, \\
&f_1(x_2) = (f_{11}(x_2),f_{12}(x_2),\cdots,f_{1m}(x_2))^T, \\
&f_2(x_1) = (f_{21}(x_1),f_{22}(x_1),\cdots,f_{2n}(x_1))^T, \\
&\tau_1(t) = (\tau_{11}(t),x_{12}(t),\cdots,\tau_{1n}(t))^T, \\
&\tau_2(t) = (\tau_{21}(t),\tau_{22}(t),\cdots,\tau_{2m}(t))^T
\end{aligned}
$$

显然，神经元激活函数具有如下性质：

$$\begin{cases} f_1^T(x_2(t))f_1(x_2(t)) \leqslant x_2^T(t)L_1^T L_1 x_2(t) \\ f_2^T(x_1(t))f_2(x_1(t)) \leqslant x_1^T(t)L_2^T L_2 x_1(t) \end{cases} \tag{5.4}$$

其中，$L_1 = diag\{l_1^{(1)}, l_2^{(1)}, \cdots, l_m^{(1)}\}$，$L_2 = diag\{l_1^{(2)}, l_2^{(2)}, \cdots, l_n^{(2)}\}$。

接下来，将考虑如下具有区间时滞和随机干扰的不确定 BAM 神经网络模型：

$$\begin{cases} dx_1(t) = \left[-(A_1 + \Delta A_1)x_1(t) + (W_1 + \Delta W_1)f_1(x_2(t - \tau_2(t))) \right]dt \\ \qquad\quad + \left[(C_1 + \Delta C_1)x_1(t) + (D_1 + \Delta D_1)x_2(t - \tau_2(t)) \right]d\omega(t) \\ dx_2(t) = \left[-(A_2 + \Delta A_2)x_2(t) + (W_2 + \Delta W_2)f_2(x_1(t - \tau_1(t))) \right]dt \\ \qquad\quad + \left[(C_2 + \Delta C_2)x_2(t) + (D_2 + \Delta D_2)x_1(t - \tau_1(t)) \right]d\omega(t) \end{cases} \tag{5.5}$$

其中，$\omega(t) = (\omega_1(t), \omega_2(t), \cdots, \omega_l(t))^T$ 是一个定义在完备概率空间 $(\Omega, \mathcal{F}, \{\mathcal{F}_t\}_{t \geqslant 0}, \mathcal{P})$ 上的布朗运动。

假设 5.2 时滞 $\tau_1(t)$ 和 $\tau_2(t)$ 满足

$$0 \leqslant \underline{\tau}_1 \leqslant \tau_1(t) \leqslant \overline{\tau}_1, \quad 0 \leqslant \underline{\tau}_2 \leqslant \tau_2(t) \leqslant \overline{\tau}_2 \tag{5.6}$$

$$\dot{\tau}_1(t) \leqslant \mu_1, \quad \dot{\tau}_2(t) \leqslant \mu_2 \tag{5.7}$$

其中，$0 \leqslant \underline{\tau}_1 < \overline{\tau}_1$，$0 \leqslant \underline{\tau}_2 < \overline{\tau}_2$，$\mu_1$ 和 μ_2 为正常量。

假设 5.3 不确定参数 ΔA_i，ΔW_i，ΔC_i 和 ΔD_i，$i = 1, 2$，满足

$$\Delta A_1 = H_1 F_1(t)E_1, \quad \Delta W_1 = H_2 F_2(t)E_2, \quad \Delta A_2 = H_3 F_3(t)E_3,$$

$$\Delta W_2 = H_4 F_4(t)E_4, \quad \Delta C_1 = H_5 F_5(t)E_5, \quad \Delta D_1 = H_6 F_6(t)E_6,$$

$$\Delta C_2 = H_7 F_7(t)E_7, \quad \Delta D_2 = H_8 F_8(t)E_8 \tag{5.8}$$

其中，H_j，E_j，$j = 1, 2, \cdots, 8$ 是已知具有适当维数的常数矩阵。不确定矩阵 $F_j(t)$，$j = 1, 2, \cdots, 8$，满足

$$F_j^T(t)F_j(t) \leqslant I, \quad \forall t \in R \tag{5.9}$$

现在给出本章在推导基于线性矩阵不等式的稳定性判定准则的过程

中，将用到的几个引理和事实。

引理5.1 对于任意适当维数常数矩阵 D 和 N，矩阵 $F(t)$ 满足 $F^T(t)F(t) \leq I$，这时有：

（1）对任意常数 $\varepsilon > 0, DF(t)N + N^T F^T(t) D^T \leq \varepsilon^{-1} DD^T + \varepsilon N^T N$。

（2）对任意常数 $P > 0, 2a^T b \leq a^T P^{-1} a + b^T Pb$。

引理5.2（舒尔补充条件） 对给定的常对称阵 $\sum_1, \sum_2, \sum_3$，若 $\sum_1 = \sum_1^T$ 且 $0 < \sum_2 = \sum_2^T$，那么 $\sum_1 + \sum_3^T \sum_2^{-1} \sum_3 < 0$，当且仅当

$$\begin{bmatrix} \sum_1 & \sum_3^T \\ \sum_3 & -\sum_2 \end{bmatrix} < 0, \text{ 或 } \begin{bmatrix} -\sum_2 & \sum_3 \\ \sum_3^T & \sum_1 \end{bmatrix} < 0$$

事实5.1 随机微分方程的平凡解[173,180]

$$\begin{aligned} \mathrm{d}(x(t), y(t), t) &= G(x(t), y(t), t)\mathrm{d}t \\ &+ H(x(t), y(t), t)\mathrm{d}\omega(t), t \in [t_0, T] \end{aligned}$$

有 $x(t) = \phi_x(t), t \in [-\tau, 0], y(t) = \phi_y(t), t \in [-\rho, 0], G: R_+ \times R^n \times R^n \to R^n$ 和 $H: R_+ \times R^n \times R^n \to R^{n \times m}$ 在概率上是全局渐近稳定的，假如存在函数 $V(x(t), y(t), t) \in R_+ \times R^n \times R^n$ 在李雅普诺夫意义上是正定的并且满足

$$\mathcal{L}V(x(t), y(t), t) = \frac{\partial V}{\mathrm{d}t} + grad(V)G + \frac{1}{2}trace(HH^T)\text{Hess}(V) < 0$$

其中，矩阵 $\text{Hess}(V)$ 表示海塞矩阵的二阶偏导数。

5.3 主要结论

为了便于证明，记

$$g_1(t) = -(A_1 + \Delta A_1)x_1(t) + (W_1 + \Delta W_1)f_1(x_2(t - \tau_2(t)))$$

$$g_2(t) = -(A_2 + \Delta A_2)x_2(t) + (W_2 + \Delta W_2)f_2(x_1(t - \tau_1(t)))$$

$$g_3(t) = (C_1 + \Delta C_1)x_1(t) + (D_1 + \Delta D_1)x_2(t - \tau_2(t))$$

$$g_4(t) = (C_2 + \Delta C_2)x_2(t) + (D_2 + \Delta D_2)x_1(t - \tau_1(t))$$

则系统式（5.5）能被记为

$$
\begin{cases}
dx_1(t) = g_1(t)dt + g_3(t)d\omega(t) \\
dx_2(t) = g_2(t)dt + g_4(t)d\omega(t)
\end{cases}
\tag{5.10}
$$

下面研究暂不考虑参数不确定时系统式（5.10）的稳定性，即 $\Delta A_i = 0$，$\Delta W_i = 0$，$\Delta C_i = 0$ 和 $\Delta D_i = 0$，$i = 1, 2$。对于这种情形，以下定理成立。

定理 5.1 对于给定的正常数 $0 \leq \underline{\tau}_1 < \overline{\tau}_1, 0 \leq \underline{\tau}_2 < \overline{\tau}_2, \mu_1$ 和 μ_2，系统式（5.10）在均方意义下是全局渐近稳定的，如果存在矩阵 $P_i > 0$，$Q_i \geq 0$，$R_i \geq 0$，$T_i \geq 0$，$i = 1, 2$，$Z_j > 0$，$j = 1, 2, \cdots, 8$，$N_j^{(i)}$，$M_j^{(i)}$，$S_j^{(i)}$，$j = 1, 2$，$i = 1, 2$，和两个正常量 α_1，α_2，使得以下式（5.11）成立：

$$
\Xi = \begin{bmatrix}
\Xi_0 & \Xi_1 & \Xi_2 & \Xi_3 & \Xi_4 \\
* & -\Xi_{11} & 0 & 0 & 0 \\
* & * & -\Xi_{22} & 0 & 0 \\
* & * & * & -\Xi_{33} & 0 \\
* & * & * & * & -\Xi_{44}
\end{bmatrix} < 0
\tag{5.11}
$$

其中：

$$
\Xi_0 = \begin{bmatrix}
\Upsilon_1 & \Upsilon_2^T U_1 & \Upsilon_3^T U_2 & \Upsilon_4^T U_3 & \Upsilon_5^T U_4 \\
* & -U_1 & 0 & 0 & 0 \\
* & * & -U_2 & 0 & 0 \\
* & * & * & -U_3 & 0 \\
* & * & * & * & -U_4
\end{bmatrix},
$$

$$
\Xi_i = \begin{bmatrix} \bar{\tau}_i N_1^{(i)} & h_i M_1^{(i)} & h_i S_1^{(i)} \\ \bar{\tau}_i N_2^{(i)} & h_i M_2^{(i)} & h_i S_2^{(i)} \\ 0 & 0 & 0 \\ \vdots & \vdots & \vdots \\ 0 & 0 & 0 \end{bmatrix}, \quad \Xi_{2+i} = \begin{bmatrix} N_1^{(i)} & M_1^{(i)} & S_1^{(i)} \\ N_2^{(i)} & M_2^{(i)} & S_2^{(i)} \\ 0 & 0 & 0 \\ \vdots & \vdots & \vdots \\ 0 & 0 & 0 \end{bmatrix},
$$

$$
\Upsilon_1 = \begin{bmatrix} \Sigma_1 & 0 & \Sigma_5 & 0 & 0 & P_1 W_1 & M_1^{(1)} & -S_1^{(1)} & 0 & 0 \\ * & \Sigma_2 & 0 & \Sigma_6 & P_2 W_2 & 0 & 0 & 0 & M_1^{(2)} & -S_1^{(2)} \\ * & * & \Sigma_3 & 0 & 0 & 0 & M_2^{(1)} & -S_2^{(1)} & 0 & 0 \\ * & * & * & \Sigma_4 & 0 & 0 & 0 & 0 & M_2^{(2)} & -S_2^{(2)} \\ * & * & * & * & -\alpha_1 I & 0 & 0 & 0 & 0 & 0 \\ * & * & * & * & * & -\alpha_2 I & 0 & 0 & 0 & 0 \\ * & * & * & * & * & * & -Q_1 & 0 & 0 & 0 \\ * & * & * & * & * & * & * & -R_1 & 0 & 0 \\ * & * & * & * & * & * & * & * & -Q_2 & 0 \\ * & * & * & * & * & * & * & * & * & -R_2 \end{bmatrix},
$$

$$
\Upsilon_2 = \begin{bmatrix} -A_1 & 0 & 0 & 0 & 0 & W_1 & 0 & 0 & 0 & 0 \end{bmatrix},
$$

$$
\Upsilon_3 = \begin{bmatrix} 0 & -A_2 & 0 & 0 & W_2 & 0 & 0 & 0 & 0 & 0 \end{bmatrix},
$$

$$
\Upsilon_4 = \begin{bmatrix} C_1 & 0 & 0 & D_1 & 0 & 0 & 0 & 0 & 0 & 0 \end{bmatrix},
$$

$$
\Upsilon_5 = \begin{bmatrix} 0 & C_2 & D_2 & 0 & 0 & 0 & 0 & 0 & 0 & 0 \end{bmatrix},
$$

$$
U_1 = \bar{\tau}_1 Z_1 + h_1 Z_3,
$$

$$
U_2 = \bar{\tau}_2 Z_2 + h_2 Z_4,
$$

$$
U_3 = P_1 + \bar{\tau}_1 Z_5 + h_1 Z_7,
$$

$$
U_4 = P_2 + \bar{\tau}_2 Z_6 + h_2 Z_8,
$$

$$
\Xi_{11} = diag\{\bar{\tau}_1 Z_1, h_1 Z_3, h_1(Z_1 + Z_3)\},
$$

$$\Xi_{22} = diag\{\bar{\tau}_2 Z_2, h_2 Z_4, h_2(Z_2 + Z_4)\},$$

$$\Xi_{33} = diag\{Z_5, Z_7, Z_5 + Z_7)\},$$

$$\Xi_{44} = diag\{Z_6, Z_8, Z_6 + Z_8)\},$$

$$\sum_i = -P_i A_i - A_i^T P_i + Q_i + R_i + T_i + N_1^{(i)} + (N_1^{(i)})^T,$$

$$\sum_{2+i} = -(1 - \mu_i) T_i + S_2^{(i)} + (S_2^{(i)})^T - N_2^{(i)} - (N_2^{(i)})^T$$
$$\qquad - M_2^{(i)} - (M_2^{(i)})^T + \alpha_i L_{3-i}^T L_{3-i},$$

$$\sum_{4+i} = S_1^{(i)} - N_1^{(i)} - M_1^{(i)} + (N_2^{(i)})^T,$$

$$h_i = \bar{\tau}_i - \underline{\tau}_i, \quad i = 1, 2$$

证明：构造如下李雅普诺夫 – 克拉索夫斯基泛函：

$$\begin{cases} V(x_1(t), x_2(t)) = \sum_{i=1}^{2} \left[V_1(x_1(t), x_2(t)) + V_2(x_1(t), x_2(t)) \right. \\ \qquad\qquad\qquad \left. + V_3(x_1(t), x_2(t)) \right] \\ V_1(x_1(t), x_2(t)) = x_i^T(t) P_i x_i(t) \\ V_2(x_1(t), x_2(t)) = \int_{t-\underline{\tau}_i}^{t} x_i^T(s) Q_i x_i(s) \mathrm{d}s + \int_{t-\bar{\tau}_i}^{t} x_i^T(s) R_i x_i(s) \mathrm{d}s \\ \qquad\qquad\qquad + \int_{t-\tau_i(t)}^{t} x_i^T(s) T_i x_i(s) \mathrm{d}s \\ V_3(x_1(t), x_2(t)) = \int_{-\bar{\tau}_i}^{0} \int_{t+\theta}^{t} g_i^T(s) Z_i g_i(s) \mathrm{d}s \mathrm{d}\theta \\ \qquad\qquad\qquad + \int_{-\bar{\tau}_i}^{-\underline{\tau}_i} \int_{t+\theta}^{t} g_i^T(s) Z_{2+i} g_i(s) \mathrm{d}s \mathrm{d}\theta \\ \qquad\qquad\qquad + \int_{-\bar{\tau}_i}^{0} \int_{t+\theta}^{t} g_{2+i}^T(s) Z_{4+i} g_{2+i}(s) \mathrm{d}s \mathrm{d}\theta \\ \qquad\qquad\qquad + \int_{-\bar{\tau}_i}^{-\underline{\tau}_i} \int_{t+\theta}^{t} g_{2+i}^T(s) Z_{6+i} g_{2+i}(s) \mathrm{d}s \mathrm{d}\theta \end{cases} \quad (5.12)$$

由牛顿 – 莱布尼茨公式可知，对于任意具有适当维数的矩阵 $N_j^{(i)}$，

$M_j^{(i)}$，$S_j^{(i)}$，$i = 1, 2$，$j = 1, 2$，以下等式成立：

$$0 = 2\big[x_i^T(t)N_1^{(i)} + x_i^T(t-\tau_i(t))N_2^{(i)}\big] \times \big[x_i(t) - x_i(t-\tau_i(t))$$
$$- \int_{t-\tau_i(t)}^{t} g_i(s)\,\mathrm{d}s - \int_{t-\tau_i(t)}^{t} g_{2+i}(s)\,\mathrm{d}\omega(s)\big] \tag{5.13}$$

$$0 = 2\big[x_i^T(t)M_1^{(i)} + x_i^T(t-\tau_i(t))M_2^{(i)}\big] \times \big[x_i(t-\underline{\tau}_i) - x_i(t$$
$$- \tau_i(t)) - \int_{t-\tau_i(t)}^{t-\underline{\tau}_i} g_i(s)\,\mathrm{d}s - \int_{t-\tau_i(t)}^{t-\underline{\tau}_i} g_{2+i}(s)\,\mathrm{d}\omega(s)\big] \tag{5.14}$$

$$0 = 2\big[x_i^T(t)S_1^{(i)} + x_i^T(t-\tau_i(t))S_2^{(i)}\big] \times \big[x_i(t-\tau_i(t)) - x_i(t-\overline{\tau}_i)$$
$$- \int_{t-\overline{\tau}_i}^{t-\tau_i(t)} g_i(s)\,\mathrm{d}s - \int_{t-\overline{\tau}_i}^{t-\tau_i(t)} g_{2+i}(s)\,\mathrm{d}\omega(s)\big] \tag{5.15}$$

应用引理 5.1 的（2），对任意矩阵 $Z_j \geqslant 0$，$j = 1, 2, \cdots, 8$，下列不等式成立：

$$-2\xi^T(t)N^{(i)} \int_{t-\tau_i(t)}^{t} g_i(s)\,\mathrm{d}s \leqslant \overline{\tau}_i \xi^T(t)N^{(i)}Z_i^{-1}(N^{(i)})^T\xi(t)$$
$$+ \int_{t-\tau_i(t)}^{t} g_i^T(s)Z_i g_i(s)\,\mathrm{d}s \tag{5.16}$$

$$-2\xi^T(t)M^{(i)} \int_{t-\tau_i(t)}^{t-\underline{\tau}_i} g_i(s)\,\mathrm{d}s \leqslant h_i \xi^T(t)M^{(i)}Z_{2+i}^{-1}(M^{(i)})^T\xi(t)$$
$$+ \int_{t-\tau_i(t)}^{t-\underline{\tau}_i} g_i^T(s)Z_{2+i} g_i(s)\,\mathrm{d}s \tag{5.17}$$

$$-2\xi^T(t)S^{(i)} \int_{t-\overline{\tau}_i}^{t-\tau_i(t)} g_i(s)\,\mathrm{d}s \leqslant h_i \xi^T(t)S^{(i)}(Z_i + Z_{2+i})^{-1}(S^{(i)})^T\xi(t)$$
$$+ \int_{t-\overline{\tau}_i}^{t-\tau_i(t)} g_i^T(s)(Z_i + Z_{2+i}) g_i(s)\,\mathrm{d}s \tag{5.18}$$

$$-2\xi^T(t)N^{(i)} \int_{t-\tau_i(t)}^{t} g_{2+i}(s)\,\mathrm{d}\omega(s) \leqslant \xi^T(t)N^{(i)}Z_{4+i}^{-1}(N^{(i)})^T\xi(t)$$
$$+ \int_{t-\tau_i(t)}^{t} g_{2+i}^T(s)\,\mathrm{d}\omega(s) Z_{4+i}$$
$$\times \int_{t-\tau_i(t)}^{t} g_{2+i}(s)\,\mathrm{d}\omega(s) \tag{5.19}$$

$$-2\xi^T(t)M^{(i)} \int_{t-\tau_i(t)}^{t-\underline{\tau}_i} g_{2+i}(s)\,\mathrm{d}\omega(s)\,\mathrm{d}s \leqslant \xi^T(t)M^{(i)}Z_{6+i}^{-1}(M^{(i)})^T\xi(t)$$
$$+ \int_{t-\tau_i(t)}^{t-\underline{\tau}_i} g_{2+i}^T(s)\,\mathrm{d}\omega(s) Z_{6+i}$$
$$\times \int_{t-\tau_i(t)}^{t-\underline{\tau}_i} g_{2+i}(s)\,\mathrm{d}\omega(s) \tag{5.20}$$

$$- 2\xi^T(t)S^{(i)}\int_{t-\bar{\tau}_i}^{t-\tau_i(t)} g_{2+i}(s)\,\mathrm{d}\omega(s) \leqslant \xi^T(t)S^{(i)}(Z_{4+i}+Z_{6+i})^{-1}(S^{(i)})^T\xi(t)$$

$$+ \int_{t-\bar{\tau}_i}^{t-\tau_i(t)} g_{2+i}^T(s)\,\mathrm{d}\omega(s)(Z_{4+i}+Z_{6+i})$$

$$\times \int_{t-\bar{\tau}_i}^{t-\tau_i(t)} g_{2+i}(s)\,\mathrm{d}\omega(s) \qquad (5.21)$$

其中：

$$N^{(i)} = [\,(N_1^{(i)})^T \quad (N_2^{(i)})^T \quad 0 \quad 0 \quad 0 \quad 0 \quad 0 \quad 0 \quad 0\,]^T$$

$$M^{(i)} = [\,(M_1^{(i)})^T \quad (M_2^{(i)})^T \quad 0 \quad 0 \quad 0 \quad 0 \quad 0 \quad 0 \quad 0\,]^T$$

$$S^{(i)} = [\,(S_1^{(i)})^T \quad (S_2^{(i)})^T \quad 0 \quad 0 \quad 0 \quad 0 \quad 0 \quad 0 \quad 0\,]^T$$

由式 (5.4)，有

$$f_i^T(x_{3-i}(t-\tau_{3-i}(t)))f_i(x_{3-i}(t-\tau_{3-i}(t)))$$

$$\leqslant x_{3-i}^T(t-\tau_{3-i}(t))L_i^T L_i x_{3-i}(t-\tau_{3-i}(t)), i=1,2 \qquad (5.22)$$

沿着系统式 (5.10) 解的轨迹，对 $V(x_1(t),x_2(t))$ 求时间的导数：

$$\mathcal{L}V(x_1(t),x_2(t)) = \sum_{i=1}^{2}[\,\mathcal{L}V_1(x_1(t),x_2(t)) + \mathcal{L}V_2(x_1(t),x_2(t))$$

$$+ \mathcal{L}V_3(x_1(t),x_2(t))\,]$$

其中：

$$\mathcal{L}V_1(x_1(t),x_2(t)) = 2x_i^T(t)P_i[-A_i x_i(t) + W_i f_i(x_{3-i}(t-\tau_{3-i}(t)))]$$

$$+ g_{2+i}^T(t)P_i g_{2+i}(t) \qquad (5.23)$$

$$\mathcal{L}V_2(x_1(t),x_2(t)) \leqslant x_i^T(t)(Q_i+R_i)x_i(t) - x_i^T(t-\underline{\tau}_i)Q_i x_i(t-\underline{\tau}_i)$$

$$- x_i^T(t-\bar{\tau}_i)R_i x_i(t-\bar{\tau}_i) + x_i^T(t)T_i x_i(t)$$

$$- (1-\mu_i)x_i^T(t-\tau_i(t))T_i x_i(t-\tau_i(t)) \qquad (5.24)$$

$$\mathcal{L}V_3(x_1(t),x_2(t)) = g_i^T(t)(\bar{\tau}_i Z_i + h_i Z_{2+i})g_i(t) - \int_{t-\bar{\tau}_i}^{t} g_i^T(s)Z_i g_i(s)\,\mathrm{d}s$$

$$- \int_{t-\bar{\tau}_i}^{t-\underline{\tau}_i} g_i^T(s)Z_{2+i}g_i(s)\,\mathrm{d}s + g_{2+i}^T(t)(\bar{\tau}_i Z_{4+i} + h_i Z_{6+i})g_{2+i}(t)$$

$$- \int_{t-\bar{\tau}_i}^{t} g_{2+i}^T(s) Z_{4+i} g_{2+i}(s) \mathrm{d}s - \int_{t-\underline{\tau}_i}^{t-\underline{\tau}_i} g_{2+i}^T(s) Z_{6+i} g_{2+i}(s) \mathrm{d}s$$

$$= g_i^T(t)(\bar{\tau}_i Z_i + h_i Z_{2+i}) g_i(t) + g_{2+i}^T(t)(\bar{\tau}_i Z_{4+i} + h_i Z_{6+i}) g_{2+i}(t)$$

$$- \int_{t-\tau_i(t)}^{t} g_i^T(s) Z_i g_i(s) \mathrm{d}s - \int_{t-\tau_i(t)}^{t-\underline{\tau}_i} g_i^T(s) Z_{2+i} g_i(s) \mathrm{d}s$$

$$- \int_{t-\bar{\tau}_i}^{t-\tau_i(t)} g_i^T(s)(Z_i + Z_{2+i}) g_i(s) \mathrm{d}s - \int_{t-\tau_i(t)}^{t} g_{2+i}^T(s) Z_{4+i} g_{2+i}(s) \mathrm{d}s$$

$$- \int_{t-\tau_i(t)}^{t-\underline{\tau}_i} g_{2+i}^T(s) Z_{6+i} g_{2+i}(s) \mathrm{d}s$$

$$- \int_{t-\bar{\tau}_i}^{t-\tau_i(t)} g_{2+i}^T(s)(Z_{4+i} + Z_{6+i}) g_{2+i}(s) \mathrm{d}s \qquad (5.25)$$

联立式（5.13）~式（5.25），可得

$$\mathcal{L}V(x_1(t), x_2(t)) \leqslant \xi^T(t)\{\Upsilon_1 + \Upsilon_2^T U_1 \Upsilon_2 + \Upsilon_3^T U_2 \Upsilon_3 + \Upsilon_4^T U_3 \Upsilon_4 + \Upsilon_5^T U_4 \Upsilon_5$$

$$+ \sum_{i=1}^{2} \left[\bar{\tau}_i N^{(i)} Z_i^{-1} (N^{(i)})^T + h_i M^{(i)} Z_{2+i}^{-1} (M^{(i)})^T \right.$$

$$+ h_i S^{(i)} (Z_i + Z_{2+i})^{-1} (S^{(i)})^T + N^{(i)} Z_{4+i}^{-1} (N^{(i)})^T$$

$$+ M^{(i)} Z_{6+i}^{-1} (M^{(i)})^T + S^{(i)} (Z_{4+i} + Z_{6+i})^{-1} (S^{(i)})^T] \} \xi(t)$$

$$+ \int_{t-\tau_i(t)}^{t} g_{2+i}^T(s) \mathrm{d}\omega(s) Z_{4+i} \int_{t-\tau_i(t)}^{t} g_{2+i}(s) \mathrm{d}\omega(s)$$

$$+ \int_{t-\tau_i(t)}^{t-\underline{\tau}_i} g_{2+i}^T(s) \mathrm{d}\omega(s) Z_{6+i} \int_{t-\tau_i(t)}^{t-\underline{\tau}_i} g_{2+i}(s) \mathrm{d}\omega(s)$$

$$+ \int_{t-\bar{\tau}_i}^{t-\tau_i(t)} g_{2+i}^T(s) \mathrm{d}\omega(s) (Z_{4+i} + Z_{6+i}) \int_{t-\bar{\tau}_i}^{t-\tau_i(t)} g_{2+i}(s) \mathrm{d}\omega(s)$$

$$- \int_{t-\tau_i(t)}^{t} g_{2+i}^T(s) Z_{4+i} g_{2+i}(s) \mathrm{d}s - \int_{t-\tau_i(t)}^{t-\underline{\tau}_i} g_{2+i}^T(s) Z_{6+i} g_{2+i}(s) \mathrm{d}s$$

$$- \int_{t-\bar{\tau}_i}^{t-\tau_i(t)} g_{2+i}^T(s) (Z_{4+i} + Z_{6+i}) g_{2+i}(s) \mathrm{d}s \qquad (5.26)$$

其中

$$\xi(t) = [x_1^T(t) \quad x_2^T(t) \quad x_1^T(t-\tau_1(t)) \quad x_2^T(t-\tau_2(t)) \quad f_2^T(x_1(t-\tau_1(t)))$$

$$f_1^T(x_2(t-\tau_2(t))) \quad x_1^T(t-\underline{\tau}_1) x_1^T(t-\bar{\tau}_1) x_2^T(t-\underline{\tau}_2) x_2^T(t-\bar{\tau}_2)]^T$$

由于

$$E\left\{\int_{t-\tau_i(t)}^{t} g_{2+i}^{T}(s)\,\mathrm{d}\omega(s) Z_{4+i}\int_{t-\tau_i(t)}^{t} g_{2+i}(s)\,\mathrm{d}\omega(s)\right\}=E\left\{\int_{t-\tau_i(t)}^{t} g_{2+i}^{T}(s) Z_{4+i} g_{2+i}(s)\,\mathrm{d}s\right\}$$

$$E\left\{\int_{t-\tau_i(t)}^{t-\bar{\tau}_i} g_{2+i}^{T}(s)\,\mathrm{d}\omega(s) Z_{6+i}\int_{t-\tau_i(t)}^{t-\bar{\tau}_i} g_{2+i}(s)\,\mathrm{d}\omega(s)\right\}$$

$$= E\left(\int_{t-\tau_i(t)}^{t-\bar{\tau}_i} g_{2+i}^{T}(s) Z_{6+i} g_{2+i}(s)\,\mathrm{d}s\right)$$

$$E\left\{\int_{t-\bar{\tau}_i}^{t-\tau_i(t)} g_{2+i}^{T}(s)\,\mathrm{d}\omega(s)(Z_{4+i}+Z_{6+i})\int_{t-\bar{\tau}_i}^{t-\tau_i(t)} g_{2+i}(s)\,\mathrm{d}\omega(s)\right\}$$

$$= E\left\{\int_{t-\bar{\tau}_i}^{t-\tau_i(t)} g_{2+i}^{T}(s)(Z_{4+i}+Z_{6+i}) g_{2+i}(s)\,\mathrm{d}s\right\}$$

则有

$$\Xi = Y_1 + Y_2^T U_1 Y_2 + Y_3^T U_2 Y_3 + Y_4^T U_3 Y_4 + Y_5^T U_4 Y_5 + \sum_{i=1}^{2}\big[\bar{\tau}_i N^{(i)} Z_i^{-1}(N^{(i)})^T$$

$$+ h_i M^{(i)} Z_{2+i}^{-1}(M^{(i)})^T + h_i S^{(i)}(Z_i+Z_{2+i})^{-1}(S^{(i)})^T + N^{(i)} Z_{4+i}^{-1}(N^{(i)})^T$$

$$+ M^{(i)} Z_{6+i}^{-1}(M^{(i)})^T + S^{(i)}(Z_{4+i}+Z_{6+i})^{-1}(S^{(i)})^T\big] < 0$$

注意到，对任意 $x_1(t), x_2(t)\,[x_1(t)=x_2(t)=0$ 除外$]$，$E[\mathrm{d}V(x_1(t), x_2(t))] = E[\mathcal{L}V(x_1(t),x_2(t))\mathrm{d}t] < 0$ 成立。

应用引理 5.2，容易得到式（5.11）等价于 $\Xi < 0$。由李雅普诺夫稳定性定理，具有区间时滞与随机干扰的 BAM 神经网络式（5.10）在均方意义下是全局渐近稳定的。定理 5.1 证明完毕。

注 5.1 在定理 5.1 中，稳定性判定准则是与时滞区间相关以及与导数相关的。即定理 5.1 依赖于两点：时滞的下界与上界，时变时滞的导数。值得指出的是，从 0 到上界类型的时滞已在文献［127，145，160，169］中被研究。事实上，在工程实际中经常出现区间时滞。该时滞在一个区间内变化，而该区间的下界并不等于 0。在这种情况下，在文献［109，127，140，145］中的稳定性判定准则就具有保守性，因而这些准则的使用都将受到限制。

注5.2 在文献［109，127，140，145］中的结论带有限制条件 $\dot{\tau}_i(t)$ < 1, $i = 1,2$，这就意味着这些稳定性判定准则仅适用于时滞变化较慢的情形。在定理5.1中，通过构造合适的李雅普诺夫－克拉索夫斯基泛函式（5.12）和 $\dot{\tau}_i(t)$ 可取任意值或未知［见式（5.11）中的 $\sum_{2+i}$］，使这一限制条件被去除。因此，这些准则既适用于慢时滞也适用于快时滞。

情形1 在很多情况下，时滞的区间范围是从0到上界，即 $0 \le \tau_1(t) \le \bar{\tau}_1, 0 \le \tau_2(t) \le \bar{\tau}_2$。在这种情况下，定义如下的李雅普诺夫－克拉索夫斯基泛函：

$$V(x_1(t),x_2(t)) = \sum_{i=1}^{2}\big[V_1(x_1(t),x_2(t)) + V_2(x_1(t),x_2(t))$$
$$+ V_3(x_1(t),x_2(t))\big]$$

$$V_1(x_1(t),x_2(t)) = x_i^T(t)P_i x_i(t)$$

$$V_2(x_1(t),x_2(t)) = \int_{t-\bar{\tau}_i}^{t} x_i^T(s)R_i x_i(s)\,\mathrm{d}s + \int_{t-\tau_i(t)}^{t} x_i^T(s)T_i x_i(s)\,\mathrm{d}s$$

$$V_3(x_1(t),x_2(t)) = \int_{-\bar{\tau}_i}^{0}\int_{t+\theta}^{t} g_i^T(s)Z_i g_i(s)\,\mathrm{d}s\mathrm{d}\theta$$
$$+ \int_{-\bar{\tau}_i}^{0}\int_{t+\theta}^{t} g_{2+i}^T(s)Z_{4+i}g_{2+i}(s)\,\mathrm{d}s\mathrm{d}\theta$$

然后，利用与定理5.1相似的证明方法，可以得到以下推论5.1。

推论5.1 对于给定的正常数 $\bar{\tau}_1 > 0, \bar{\tau}_2 > 0, \tau_1 = 0, \tau_2 = 0, \mu_1$ 和 μ_2，系统式（5.10）在均方意义下是全局渐近稳定的，如果存在矩阵 $P_i > 0$，$R_i \ge 0$，$T_i \ge 0$，$i = 1, 2$，$Z_j > 0$，$j = 1, 2, 5, 6$，$N_j^{(i)}$，$S_j^{(i)}$，$j = 1, 2$，$i = 1, 2$，和两个正常量 α_1，α_2，使得式（5.27）成立：

$$\begin{bmatrix} \bar{\Xi}_0 & \bar{\Xi}_1 & \bar{\Xi}_2 & \bar{\Xi}_3 & \bar{\Xi}_4 \\ * & -\bar{\Xi}_{11} & 0 & 0 & 0 \\ * & * & -\bar{\Xi}_{22} & 0 & 0 \\ * & * & * & -\bar{\Xi}_{33} & 0 \\ * & * & * & * & -\bar{\Xi}_{44} \end{bmatrix} < 0 \qquad (5.27)$$

其中，

$$
\overline{\Xi}_0 = \begin{bmatrix}
\overline{Y}_1 & \overline{Y}_2^T \overline{U}_1 & \overline{Y}_3^T \overline{U}_2 & \overline{Y}_4^T \overline{U}_3 & \overline{Y}_5^T \overline{U}_4 \\
* & -\overline{U}_1 & 0 & 0 & 0 \\
* & * & -\overline{U}_2 & 0 & 0 \\
* & * & * & -\overline{U}_3 & 0 \\
* & * & * & * & -\overline{U}_4
\end{bmatrix},
$$

$$
\overline{\Xi}_i = \begin{bmatrix}
\overline{\tau}_i N_1^{(i)} & \overline{\tau}_i S_1^{(i)} \\
\overline{\tau}_i N_2^{(i)} & \overline{\tau}_i S_2^{(i)} \\
0 & 0 \\
\vdots & \vdots \\
0 & 0
\end{bmatrix},
$$

$$
\overline{\Xi}_{2+i} = \begin{bmatrix}
N_1^{(i)} & S_1^{(i)} \\
N_2^{(i)} & S_2^{(i)} \\
0 & 0 \\
\vdots & \vdots \\
0 & 0
\end{bmatrix},
$$

$$
\overline{Y}_1 = \begin{bmatrix}
\overline{\sum}_1 & 0 & \overline{\sum}_5 & 0 & 0 & P_1 W_1 & -S_1^{(1)} & 0 \\
* & \overline{\sum}_2 & 0 & \overline{\sum}_6 & P_2 W_2 & 0 & 0 & -S_1^{(2)} \\
* & * & \overline{\sum}_3 & 0 & 0 & 0 & -S_2^{(1)} & 0 \\
* & * & * & \overline{\sum}_4 & 0 & 0 & 0 & -S_2^{(2)} \\
* & * & * & * & -\alpha_1 I & 0 & 0 & 0 \\
* & * & * & * & * & -\alpha_2 I & 0 & 0 \\
* & * & * & * & * & * & -R_1 & 0 \\
* & * & * & * & * & * & * & -R_2
\end{bmatrix},
$$

$$\overline{\Xi}_{11} = diag\{\overline{\tau}_1 Z_1, \overline{\tau}_1 Z_1\},$$

$$\overline{\Xi}_{22} = diag\{\overline{\tau}_2 Z_2, \overline{\tau}_2 Z_2\},$$

$$\overline{\Xi}_{33} = diag\{Z_5, Z_5\},$$

$$\overline{\Xi}_{44} = diag\{Z_6, Z_6\},$$

$$\overline{Y}_2 = [-A_1 \quad 0 \quad 0 \quad 0 \quad 0 \quad W_1 \quad 0 \quad 0],$$

$$\overline{Y}_3 = [0 \quad -A_2 \quad 0 \quad 0 \quad W_2 \quad 0 \quad 0 \quad 0],$$

$$\overline{Y}_4 = [C_1 \quad 0 \quad 0 \quad D_1 \quad 0 \quad 0 \quad 0 \quad 0],$$

$$\overline{Y}_5 = [0 \quad C_2 \quad D_2 \quad 0 \quad 0 \quad 0 \quad 0 \quad 0],$$

$$\overline{U}_1 = \overline{\tau}_1 Z_1, \quad \overline{U}_2 = \overline{\tau}_2 Z_2,$$

$$\overline{U}_3 = P_1 + \overline{\tau}_1 Z_5, \quad \overline{U}_4 = P_2 + \overline{\tau}_2 Z_6,$$

$$\overline{\sum}_i = -P_i A_i - A_i^T P_i + R_i + T_i + N_1^{(i)} + (N_1^{(i)})^T,$$

$$\overline{\sum}_{2+i} = -(1-\mu_i)T_i + S_2^{(i)} + (S_2^{(i)})^T - N_2^{(i)} - (N_2^{(i)})^T + \alpha_i L_{3-i}^T L_{3-i},$$

$$\overline{\sum}_{4+i} = S_1^{(i)} - N_1^{(i)} + (N_2^{(i)})^T, \quad i = 1, 2$$

下面导出的是，保证具有区间时滞和随机干扰的不确定 BAM 神经网络稳定的充分条件。不确定参数满足假设 5.3。

定理 5.2 对于给定的正常数 $0 \leqslant \underline{\tau}_1 < \overline{\tau}_1$，$0 \leqslant \underline{\tau}_2 < \overline{\tau}_2$，$\mu_1$ 和 μ_2，系统式（5.10）在均方意义下是全局渐近稳定的，如果存在矩阵 $P_i > 0$，$Q_i \geqslant 0$，$R_i \geqslant 0$，$T_i \geqslant 0$，$i = 1, 2$，$Z_j > 0$，$j = 1, 2, \cdots, 8$，$N_j^{(i)}$，$M_j^{(i)}$，$S_j^{(i)}$，$j = 1, 2$，$i = 1, 2$，和十个正常量 α_1，α_2，ε_j（$j = 1, 2, \cdots, 8$），使得式（5.28）成立：

$$\begin{bmatrix} \Xi_0 + \Omega & \Xi_1 & \Xi_2 & \Xi_3 & \Xi_4 & \Xi_5 \\ * & -\Xi_{11} & 0 & 0 & 0 & 0 \\ * & * & -\Xi_{22} & 0 & 0 & 0 \\ * & * & * & -\Xi_{33} & 0 & 0 \\ * & * & * & * & -\Xi_{44} & 0 \\ * & * & * & * & * & -\Xi_{55} \end{bmatrix} < 0 \quad (5.28)$$

其中：

$$\Omega = diag\{(\varepsilon_1 E_1^T E_1 + \varepsilon_5 E_5^T E_5), (\varepsilon_3 E_3^T E_3 + \varepsilon_7 E_7^T E_7), \varepsilon_8 E_8^T E_8,$$
$$\varepsilon_6 E_6^T E_6, \varepsilon_4 E_4^T E_4, \varepsilon_2 E_2^T E_2, 0, 0, 0, 0, 0, 0, 0, 0\}$$

$$\Xi_5 = \begin{bmatrix} \Omega_{A_1} & \Omega_{W_1} & \Omega_{A_2} & \Omega_{W_2} & \Omega_{C_1} & \Omega_{D_1} & \Omega_{C_2} & \Omega_{D_2} \\ 0 & 0 & 0 & 0 & 0 & 0 & 0 & 0 \\ 0 & 0 & 0 & 0 & 0 & 0 & 0 & 0 \\ 0 & 0 & 0 & 0 & 0 & 0 & 0 & 0 \\ 0 & 0 & 0 & 0 & 0 & 0 & 0 & 0 \end{bmatrix}$$

$$\Omega_{A_1} = \begin{bmatrix} H_1^T P_1^T & 0 & 0 & 0 & 0 & 0 & 0 & 0 & 0 & 0 & H_1^T U_1 & 0 & 0 & 0 \end{bmatrix}^T$$

$$\Omega_{W_1} = \begin{bmatrix} H_2^T P_1^T & 0 & 0 & 0 & 0 & 0 & 0 & 0 & 0 & 0 & H_2^T U_1 & 0 & 0 & 0 \end{bmatrix}^T$$

$$\Omega_{A_2} = \begin{bmatrix} 0 & H_3^T P_2^T & 0 & 0 & 0 & 0 & 0 & 0 & 0 & 0 & 0 & H_3^T U_2 & 0 & 0 \end{bmatrix}^T$$

$$\Omega_{W_2} = \begin{bmatrix} 0 & H_4^T P_2^T & 0 & 0 & 0 & 0 & 0 & 0 & 0 & 0 & 0 & H_4^T U_2 & 0 & 0 \end{bmatrix}^T$$

$$\Omega_{C_1} = \begin{bmatrix} 0 & 0 & 0 & 0 & 0 & 0 & 0 & 0 & 0 & 0 & 0 & 0 & H_5^T U_3 & 0 \end{bmatrix}^T$$

$$\Omega_{D_1} = \begin{bmatrix} 0 & 0 & 0 & 0 & 0 & 0 & 0 & 0 & 0 & 0 & 0 & 0 & H_6^T U_3 & 0 \end{bmatrix}^T$$

$$\Omega_{C_2} = \begin{bmatrix} 0 & 0 & 0 & 0 & 0 & 0 & 0 & 0 & 0 & 0 & 0 & 0 & 0 & H_7^T U_4 \end{bmatrix}^T$$

$$\Omega_{D_2} = \begin{bmatrix} 0 & 0 & 0 & 0 & 0 & 0 & 0 & 0 & 0 & 0 & 0 & 0 & 0 & H_8^T U_4 \end{bmatrix}^T$$

$$\Xi_{55} = diag\{\varepsilon_1 I, \varepsilon_2 I, \varepsilon_3 I, \varepsilon_4 I, \varepsilon_5 I, \varepsilon_6 I, \varepsilon_7 I, \varepsilon_8 I\}$$

其余参数与定理 5.1 中定义的相同。

证明：由引理 5.2 和式（5.8）可得，系统式（5.10）在均方意义下是渐近鲁棒稳定的，如果以下不等式成立：

$$\Xi_0 + 2\Omega_{A_1} F_1(t)(\Omega_{A_1}^*)^T + 2\Omega_{W_1} F_2(t)(\Omega_{W_1}^*)^T + 2\Omega_{A_2} F_3(t)(\Omega_{A_2}^*)^T$$
$$+ 2\Omega_{W_2} F_4(t)(\Omega_{W_2}^*)^T + 2\Omega_{C_1} F_5(t)(\Omega_{C_1}^*)^T + 2\Omega_{D_1} F_6(t)(\Omega_{D_1}^*)^T$$
$$+ 2\Omega_{C_2} F_7(t)(\Omega_{C_2}^*)^T + 2\Omega_{D_2} F_8(t)(\Omega_{D_2}^*)^T + \Xi_1 \Xi_{11}^{-1} \Xi_1^T$$
$$+ \Xi_2 \Xi_{22}^{-1} \Xi_2^T + \Xi_3 \Xi_{33}^{-1} \Xi_3^T + \Xi_4 \Xi_{44}^{-1} \Xi_4^T$$
$$< 0 \tag{5.29}$$

应用引理 5.1 的（1）和式（5.9）可知，上式（5.29）是成立的，如果以下不等式成立：

$$\begin{aligned}
&\Xi_0 + \varepsilon_1^{-1}\Omega_{A_1}\Omega_{A_1}^T + \varepsilon_1\Omega_{A_1}^*(\Omega_{A_1}^*)^T + \varepsilon_2^{-1}\Omega_{W_1}\Omega_{W_1}^T + \varepsilon_2\Omega_{W_1}^*(\Omega_{W_1}^*)^T \\
&+ \varepsilon_3^{-1}\Omega_{A_2}\Omega_{A_2}^T + \varepsilon_3\Omega_{A_2}^*(\Omega_{A_2}^*)^T + \varepsilon_4^{-1}\Omega_{W_2}\Omega_{W_2}^T + \varepsilon_4\Omega_{W_2}^*(\Omega_{W_2}^*)^T \\
&+ \varepsilon_5^{-1}\Omega_{C_1}\Omega_{C_1}^T + \varepsilon_5\Omega_{C_1}^*(\Omega_{C_1}^*)^T + \varepsilon_6^{-1}\Omega_{D_1}\Omega_{D_1}^T + \varepsilon_6\Omega_{D_1}^*(\Omega_{D_1}^*)^T \\
&+ \varepsilon_7^{-1}\Omega_{C_2}\Omega_{C_2}^T + \varepsilon_7\Omega_{C_2}^*(\Omega_{C_2}^*)^T + \varepsilon_8^{-1}\Omega_{D_2}\Omega_{D_2}^T + \varepsilon_8\Omega_{D_2}^*(\Omega_{D_2}^*)^T \\
&+ \Xi_1\Xi_{11}^{-1}\Xi_1^T + \Xi_2\Xi_{22}^{-1}\Xi_2^T + \Xi_3\Xi_{33}^{-1}\Xi_3^T + \Xi_4\Xi_{44}^{-1}\Xi_4^T \\
&= \Xi_0 + \Omega + \varepsilon_1^{-1}\Omega_{A_1}\Omega_{A_1}^T + \varepsilon_2^{-1}\Omega_{W_1}\Omega_{W_1}^T + \varepsilon_3^{-1}\Omega_{A_2}\Omega_{A_2}^T + \varepsilon_4^{-1}\Omega_{W_2}\Omega_{W_2}^T \\
&+ \varepsilon_5^{-1}\Omega_{C_1}\Omega_{C_1}^T + \varepsilon_6^{-1}\Omega_{D_1}\Omega_{D_1}^T + \varepsilon_7^{-1}\Omega_{C_2}\Omega_{C_2}^T + \varepsilon_8^{-1}\Omega_{D_2}\Omega_{D_2}^T \\
&+ \Xi_1\Xi_{11}^{-1}\Xi_1^T + \Xi_2\Xi_{22}^{-1}\Xi_2^T + \Xi_3\Xi_{33}^{-1}\Xi_3^T + \Xi_4\Xi_{44}^{-1}\Xi_4^T \\
&< 0
\end{aligned} \tag{5.30}$$

其中，

$$\Omega_{A_1}^* = \begin{bmatrix} -E_1 & 0 & 0 & 0 & 0 & 0 & 0 & 0 & 0 & 0 & 0 & 0 & 0 & 0 \end{bmatrix}^T,$$

$$\Omega_{W_1}^* = \begin{bmatrix} 0 & 0 & 0 & 0 & 0 & E_2 & 0 & 0 & 0 & 0 & 0 & 0 & 0 & 0 \end{bmatrix}^T,$$

$$\Omega_{A_2}^* = \begin{bmatrix} 0 & -E_3 & 0 & 0 & 0 & 0 & 0 & 0 & 0 & 0 & 0 & 0 & 0 & 0 \end{bmatrix}^T,$$

$$\Omega_{W_2}^* = \begin{bmatrix} 0 & 0 & 0 & 0 & E_4 & 0 & 0 & 0 & 0 & 0 & 0 & 0 & 0 & 0 \end{bmatrix}^T,$$

$$\Omega_{C_1}^* = \begin{bmatrix} E_5 & 0 & 0 & 0 & 0 & 0 & 0 & 0 & 0 & 0 & 0 & 0 & 0 & 0 \end{bmatrix}^T,$$

$$\Omega_{D_1}^* = \begin{bmatrix} 0 & 0 & 0 & E_6 & 0 & 0 & 0 & 0 & 0 & 0 & 0 & 0 & 0 & 0 \end{bmatrix}^T,$$

$$\Omega_{C_2}^* = \begin{bmatrix} 0 & E_7 & 0 & 0 & 0 & 0 & 0 & 0 & 0 & 0 & 0 & 0 & 0 & 0 \end{bmatrix}^T,$$

$$\Omega_{D_2}^* = \begin{bmatrix} 0 & 0 & E_8 & 0 & 0 & 0 & 0 & 0 & 0 & 0 & 0 & 0 & 0 & 0 \end{bmatrix}^T$$

$\varepsilon_j > 0$，$j = 1$，2，$\cdots$，8 和 Ω，Ω_{A_i}，Ω_{W_i}，Ω_{C_i}，Ω_{D_i}，$i = 1$，2 见式（5.28）的定义。

那么，应用舒尔补充条件，不等式（5.30）就等价于式（5.28）。因此，如果式（5.28）成立，则系统式（5.10）在均方意义下是全局渐近鲁棒稳定的。定理5.2证明完毕。

下面，将系统简化为如下具有区间时滞的随机神经网络模型：

$$\begin{cases} dx_1(t) = \big[-A_1 x_1(t) + W_1 f_1(x_2(t - \tau_2(t))) \big] dt \\ \qquad\quad + \sigma_1(t, x_1(t), x_2(t - \tau_2(t))) d\omega(t) \\ dx_2(t) = \big[-A_2 x_2(t) + W_2 f_2(x_1(t - \tau_1(t))) \big] dt \\ \qquad\quad + \sigma_2(t, x_2(t), x_1(t - \tau_1(t))) d\omega(t) \end{cases} \quad (5.31)$$

其中 $\omega(t) = (\omega_1(t), \omega_2(t), \cdots, \omega_l(t))^T$ 是一个定义在完备概率空间 $(\Omega, \mathcal{F}, \{\mathcal{F}_t\}_{t \geq 0}, \mathcal{P})$ 上的 l - 维布朗运动。$\sigma(t, x, y): R_+ \times R^n \times R^n \to R^{n \times l}$ 为局部利普希茨连续且满足线性增长条件。而且 σ_1，σ_2 满足

$$trace(\sigma_1^T(t, x_1(t), x_2(t - \tau_2(t))) \sigma_1(t, x_1(t), x_2(t - \tau_2(t))))$$
$$\leq x_1^T(t) X_1 x_1(t) + x_2^T(t - \tau_2(t)) Y_1 x_2(t - \tau_2(t)), \quad X_1 \geq 0, Y_1 \geq 0$$
$$(5.32)$$

$$trace(\sigma_2^T(t, x_2(t), x_1(t - \tau_1(t))) \sigma_2(t, x_2(t), x_1(t - \tau_1(t))))$$
$$\leq x_2^T(t) X_2 x_2^T(t) + x_1^T(t - \tau_1(t)) Y_2 x_1(t - \tau_1(t)), \quad X_2 \geq 0, Y_2 \geq 0$$
$$(5.33)$$

定理 5.3 对于给定的正常数 $0 \leq \underline{\tau}_1 < \overline{\tau}_1$，$0 \leq \underline{\tau}_2 < \overline{\tau}_2$，$\mu_1$ 和 μ_2，系统式（5.31）在均方意义下是全局渐近鲁棒稳定的，如果存在矩阵 $P_i > 0$，$Q_i \geq 0$，$R_i \geq 0$，$T_i \geq 0$，$i = 1, 2$，$Z_j > 0$，$j = 1, 2, \cdots, 8$，$N_j^{(i)}$，$M_j^{(i)}$，$S_j^{(i)}$，$j = 1, 2$，$i = 1, 2$，和八个正常量 α_1，α_2，ε_j（$j = 1, 2, \cdots, 6$），使得式（5.34）~式（5.36）成立：

$$\Psi = \begin{bmatrix} \Psi_0 & \Psi_1 & \Psi_2 & \Psi_3 & \Psi_4 \\ * & -\Psi_{11} & 0 & 0 & 0 \\ * & * & -\Psi_{22} & 0 & 0 \\ * & * & * & -\Psi_{33} & 0 \\ * & * & * & * & -\Psi_{44} \end{bmatrix} < 0 \quad (5.34)$$

$$P_1 \leq \rho_1 I, \quad Z_5 \leq \rho_3 I, \quad Z_7 \leq \rho_5 I \quad (5.35)$$

$$P_2 \leq \rho_2 I, \quad Z_6 \leq \rho_4 I, \quad Z_8 \leq \rho_6 I \quad (5.36)$$

其中，

$$\Psi_0 = \begin{bmatrix} \Theta_1 & \Theta_2^T U_1 & \Theta_3^T U_2 \\ * & -U_1 & 0 \\ * & * & -U_2 \end{bmatrix},$$

$$\Psi_i = \begin{bmatrix} \bar{\tau}_i N_1^{(i)} & h_i M_1^{(i)} & h_i S_1^{(i)} \\ \bar{\tau}_i N_2^{(i)} & h_i M_2^{(i)} & h_i S_2^{(i)} \\ 0 & 0 & 0 \\ \vdots & \vdots & \vdots \\ 0 & 0 & 0 \end{bmatrix},$$

$$\Psi_{2+i} = \begin{bmatrix} N_1^{(i)} & M_1^{(i)} & S_1^{(i)} \\ N_2^{(i)} & M_2^{(i)} & S_2^{(i)} \\ 0 & 0 & 0 \\ \vdots & \vdots & \vdots \\ 0 & 0 & 0 \end{bmatrix},$$

$$\Theta_1 = \begin{bmatrix} \Pi_1 & 0 & \Pi_5 & 0 & 0 & P_1 W_1 & M_1^{(1)} & -S_1^{(1)} & 0 & 0 \\ * & \Pi_2 & 0 & \Pi_6 & P_2 W_2 & 0 & 0 & 0 & M_1^{(2)} & -S_1^{(2)} \\ * & * & \Pi_3 & 0 & 0 & 0 & M_2^{(1)} & -S_2^{(1)} & 0 & 0 \\ * & * & * & \Pi_4 & 0 & 0 & 0 & 0 & M_2^{(2)} & -S_2^{(2)} \\ * & * & * & * & -\alpha_1 I & 0 & 0 & 0 & 0 & 0 \\ * & * & * & * & * & -\alpha_2 I & 0 & 0 & 0 & 0 \\ * & * & * & * & * & * & -Q_1 & 0 & 0 & 0 \\ * & * & * & * & * & * & * & -R_1 & 0 & 0 \\ * & * & * & * & * & * & * & * & -Q_2 & 0 \\ * & * & * & * & * & * & * & * & * & -R_2 \end{bmatrix},$$

$$\Psi_{11} = diag\{\bar{\tau}_1 Z_1, h_1 Z_3, h_1(Z_1 + Z_3)\},$$

$$\Psi_{22} = diag\{\bar{\tau}_2 Z_2, h_2 Z_4, h_2(Z_2 + Z_4)\},$$

$$\Psi_{33} = diag\{Z_5, Z_7, Z_5 + Z_7\},$$

$$\Psi_{44} = diag\{Z_6, Z_8, Z_6 + Z_8\},$$

$$\Theta_2 = \begin{bmatrix} -A_1 & 0 & 0 & 0 & W_1 & 0 & 0 & 0 & 0 \end{bmatrix},$$

$$\Theta_3 = \begin{bmatrix} 0 & -A_2 & 0 & 0 & W_2 & 0 & 0 & 0 & 0 \end{bmatrix},$$

$$U_1 = \bar{\tau}_1 Z_1 + h_1 Z_3,$$

$$U_2 = \bar{\tau}_2 Z_2 + h_2 Z_4,$$

$$h_i = \bar{\tau}_i - \underline{\tau}_i,$$

$$\Pi_i = -P_i A_i - A_i^T P_i + Q_i + R_i + T_i + N_1^{(i)} + (N_1^{(i)})^T + (\rho_i + \bar{\tau}_i \rho_{2+i} + h_i \rho_{4+i}) X_i,$$

$$\Pi_{2+i} = -(1 - \mu_i) T_i + S_2^{(i)} + (S_2^{(i)})^T - N_2^{(i)} - (N_2^{(i)})^T - M_2^{(i)} - (M_2^{(i)})^T$$
$$+ \alpha_i L_{3-i}^T L_{3-i} + (\rho_{3-i} + \bar{\tau}_{3-i} \rho_{5-i} + h_{3-i} \rho_{7-i}) Y_{3-i},$$

$$\Pi_{4+i} = S_1^{(i)} - N_1^{(i)} - M_1^{(i)} + (N_2^{(i)})^T, \quad i = 1, 2$$

证明：构造如下李雅普诺夫－克拉索夫斯基泛函：

$$V(x_1(t), x_2(t)) = \sum_{i=1}^{2} [V_1(x_1(t), x_2(t)) + V_2(x_1(t), x_2(t)) + V_3(x_1(t), x_2(t))]$$

$$V_3(x_1(t), x_2(t)) = \int_{-\bar{\tau}_i}^{0} \int_{t+\theta}^{t} g_i^T(s) Z_i g_i(s) \mathrm{d}s\mathrm{d}\theta + \int_{-\bar{\tau}_i}^{-\underline{\tau}_i} \int_{t+\theta}^{t} g_i^T(s) Z_{2+i} g_i(s) \mathrm{d}s\mathrm{d}\theta$$

$$+ \int_{-\bar{\tau}_i}^{0} \int_{t+\theta}^{t} trace(g_{2+i}^T(s) Z_{4+i} g_{2+i}(s)) \mathrm{d}s\mathrm{d}\theta$$

$$+ \int_{-\bar{\tau}_i}^{-\underline{\tau}_i} \int_{t+\theta}^{t} trace(g_{2+i}^T(s) Z_{6+i} g_{2+i}(s)) \mathrm{d}s\mathrm{d}\theta$$

其中 $V_1(x_1(t), x_2(t))$ 和 $V_2(x_1(t), x_2(t))$ 的定义与定理 5.1 中的相同。

利用伊藤微分公式[128]，沿着系统式（5.31）解的轨迹，对 $V(x_1(t), x_2(t))$ 求时间的导数：

$$\mathcal{L}V(x_1(t), x_2(t)) = \sum_{i=1}^{2} [\mathcal{L}V_1(x_1(t), x_2(t)) + \mathcal{L}V_2(x_1(t),$$

$$x_2(t)) + \mathcal{L}V_3(x_1(t), x_2(t))]$$

$$\mathcal{L}V_1(x_1(t), x_2(t)) = 2x_i^T(t)P_i[-A_ix_i(t) + W_if_i(x_{3-i}(t - \tau_{3-i}(t)))]$$
$$+ trace(g_{2+i}^T(t)P_ig_{2+i}(t)) \qquad (5.37)$$

$$\mathcal{L}V_2(x_1(t), x_2(t)) \leqslant x_i^T(t)(Q_i + R_i)x_i(t) - x_i^T(t - \underline{\tau}_i)Q_ix_i(t - \underline{\tau}_i)$$
$$- x_i^T(t - \overline{\tau}_i)R_ix_i(t - \overline{\tau}_i) + x_i^T(t)T_ix_i(t)$$
$$- (1 - \mu_i)x_i^T(t - \tau_i(t))T_ix_i(t - \tau_i(t)) \qquad (5.38)$$

$$\mathcal{L}V_3(x_1(t), x_2(t)) = g_i^T(t)(\overline{\tau}_iZ_i + h_iZ_{2+i})g_i(t) + \overline{\tau}_i trace(g_{2+i}^T(t)Z_{4+i}g_{2+i}(t))$$
$$+ h_i trace(g_{2+i}^T(t)Z_{6+i}g_{2+i}(t)) - \int_{t-\tau_i(t)}^t g_i^T(s)Z_ig_i(s)\mathrm{d}s$$
$$- \int_{t-\tau_i(t)}^{t-\underline{\tau}_i} g_i^T(s)Z_{2+i}g_i(s)\mathrm{d}s - \int_{t-\overline{\tau}_i}^{t-\tau_i(t)} g_i^T(s)(Z_i + Z_{2+i})g_i(s)\mathrm{d}s$$
$$- \int_{t-\tau_i(t)}^t trace(g_{2+i}^T(s)Z_{4+i}g_{2+i}(s))\mathrm{d}s$$
$$- \int_{t-\tau_i(t)}^{t-\underline{\tau}_i} trace(g_{2+i}^T(s)Z_{6+i}g_{2+i}(s))\mathrm{d}s$$
$$- \int_{t-\overline{\tau}_i}^{t-\tau_i(t)} trace(g_{2+i}^T(s)(Z_{4+i} + Z_{6+i})g_{2+i}(s))\mathrm{d}s \qquad (5.39)$$

联立式（5.13）～式（5.22）、式（5.37）～式（5.39）并利用式（5.32）～式（5.33），有

$$\mathcal{L}V(x_1(t), x_2(t)) \leqslant \xi^T(t)\{\Theta_1 + \Theta_2^TU_1\Theta_2 + \Theta_3^TU_2\Theta_3 + \sum_{i=1}^2 [\overline{\tau}_iN^{(i)}Z_i^{-1}(N^{(i)})^T$$
$$+ h_iS^{(i)}(Z_i + Z_{2+i})^{-1}(S^{(i)})^T + h_iM^{(i)}Z_{2+i}^{-1}(M^{(i)})^T$$
$$+ N^{(i)}Z_{4+i}^{-1}(N^{(i)})^T + S^{(i)}(Z_{4+i} + Z_{6+i})^{-1}(S^{(i)})^T$$
$$+ M^{(i)}Z_{6+i}^{-1}(M^{(i)})^T]\}$$
$$+ \int_{t-\tau_i(t)}^t g_{2+i}^T(s)\mathrm{d}\omega(s)Z_{4+i}\int_{t-\tau_i(t)}^t g_{2+i}(s)\mathrm{d}\omega(s)$$
$$+ \int_{t-\tau_i(t)}^{t-\underline{\tau}_i} g_{2+i}^T(s)\mathrm{d}\omega(s)Z_{6+i}\int_{t-\tau_i(t)}^{t-\underline{\tau}_i} g_{2+i}(s)\mathrm{d}\omega(s)$$
$$+ \int_{t-\overline{\tau}_i}^{t-\tau_i(t)} g_{2+i}^T(s)\mathrm{d}\omega(s)(Z_{4+i} + Z_{6+i})\int_{t-\overline{\tau}_i}^{t-\tau_i(t)} g_{2+i}(s)\mathrm{d}\omega(s)$$
$$- \int_{t-\tau_i(t)}^t trace(g_{2+i}^T(s)Z_{4+i}g_{2+i}(s))\mathrm{d}s$$

$$- \int_{t-\tau_i(t)}^{t-\underline{\tau}_i} trace(g_{2+i}^T(s) Z_{6+i} g_{2+i}(s)) \mathrm{d}s$$

$$- \int_{t-\bar{\tau}_i}^{t-\tau_i(t)} trace(g_{2+i}^T(s) (Z_{4+i} + Z_{6+i}) g_{2+i}(s)) \mathrm{d}s$$

$$(5.40)$$

由于

$$\mathrm{E}\left\{\int_{t-\tau_i(t)}^{t} g_{2+i}^T(s) \mathrm{d}\omega(s) Z_{4+i} \int_{t-\tau_i(t)}^{t} g_{2+i}(s) \mathrm{d}\omega(s)\right\}$$

$$= \mathrm{E}\left\{\int_{t-\tau_i(t)}^{t} trace(g_{2+i}^T(s) Z_{4+i} g_{2+i}(s)) \mathrm{d}s\right\}$$

$$\mathrm{E}\left\{\int_{t-\tau_i(t)}^{t-\underline{\tau}_i} g_{2+i}^T(s) \mathrm{d}\omega(s) Z_{6+i} \int_{t-\tau_i(t)}^{t-\underline{\tau}_i} g_{2+i}(s) \mathrm{d}\omega(s)\right\}$$

$$= \mathrm{E}\left(\int_{t-\tau_i(t)}^{t-\underline{\tau}_i} trace(g_{2+i}^T(s) Z_{6+i} g_{2+i}(s)) \mathrm{d}s\right)$$

$$\mathrm{E}\left\{\int_{t-\bar{\tau}_i}^{t-\tau_i(t)} g_{2+i}^T(s) \mathrm{d}\omega(s) (Z_{4+i} + Z_{6+i}) \int_{t-\bar{\tau}_i}^{t-\tau_i(t)} g_{2+i}(s) \mathrm{d}\omega(s)\right\}$$

$$= \mathrm{E}\left\{\int_{t-\bar{\tau}_i}^{t-\tau_i(t)} trace(g_{2+i}^T(s) (Z_{4+i} + Z_{6+i}) g_{2+i}(s)) \mathrm{d}s\right\}$$

则有

$$\begin{aligned}
\Psi = & \Theta_1 + \Theta_2^T U_1 \Theta_2 + \Theta_3^T U_2 \Theta_3 + \sum_{i=1}^{2} \left[\bar{\tau}_i N^{(i)} Z_i^{-1} (N^{(i)})^T \right. \\
& + h_i M^{(i)} Z_{2+i}^{-1} (M^{(i)})^T + h_i S^{(i)} (Z_i + Z_{2+i})^{-1} (S^{(i)})^T \\
& + N^{(i)} Z_{4+i}^{-1} (N^{(i)})^T + M^{(i)} Z_{6+i}^{-1} (M^{(i)})^T \\
& + \left. S^{(i)} (Z_{4+i} + Z_{6+i})^{-1} (S^{(i)})^T \right] < 0
\end{aligned}$$

对所有 $x_1(t), x_2(t)$ [$x_1(t) = x_2(t) = 0$ 除外], 下式成立

$$\mathrm{E}[\mathrm{d}V(x_1(t), x_2(t))] = \mathrm{E}[\mathcal{L}V(x_1(t), x_2(t)) \mathrm{d}t] < 0$$

其中 E 为数学期望算子。

那么, 由李雅普洛夫稳定性定理可知, 系统式 (5.31) 均方意义下是

全局渐近鲁棒稳定的。定理 5.3 证明完毕。

注5.3 定理5.1、定理5.2和定理5.3的稳定性判定准则都是与时滞区间相关以及与导数相关的。一般的，由于没有考虑到时滞的下界和时变时滞的导数，与时滞区间无关和导数无关的稳定性判定准则比与时滞区间相关和导数相关的稳定性判定准则更保守。

5.4　数值仿真算例

本节将用三个数值算例说明所得结论的有效性。

例5.1 考虑如下具有区间时滞和随机干扰、但无不确定参数的 BAM 神经网络模型：

$$
\begin{cases}
\mathrm{d}x_1(t) = \big[-A_1 x_1(t) + W_1 f_1(x_2(t-\tau_2(t)))\big]\mathrm{d}t \\
\qquad\quad + \big[C_1 x_1(t) + D_1 x_2(t-\tau_2(t))\big]\mathrm{d}\omega(t) \\
\mathrm{d}x_2(t) = \big[-A_2 x_2(t) + W_2 f_2(x_1(t-\tau_1(t)))\big]\mathrm{d}t \\
\qquad\quad + \big[C_2 x_2(t) + D_2 x_1(t-\tau_1(t))\big]\mathrm{d}\omega(t)
\end{cases} \tag{5.41}
$$

其中：

$$A_1 = \begin{bmatrix}1 & 0\\0 & 1\end{bmatrix},\quad W_1 = \begin{bmatrix}1.1 & 0.2\\0.2 & 0.1\end{bmatrix},\quad C_1 = \begin{bmatrix}0.4 & 0\\0 & 0.3\end{bmatrix},$$

$$D_1 = \begin{bmatrix}0.5 & 0\\0 & 0.4\end{bmatrix},\quad A_2 = \begin{bmatrix}1 & 0\\0 & 1\end{bmatrix},\quad W_2 = \begin{bmatrix}0.3 & 0.1\\0.1 & 0.1\end{bmatrix},$$

$$C_2 = \begin{bmatrix}0.1 & 0\\0 & 0.1\end{bmatrix},\quad D_2 = \begin{bmatrix}0.2 & 0\\0 & 0.2\end{bmatrix},$$

$$f_i(x) = \frac{1}{2}(|x+1| - |x-1|),$$

$$\tau_1(t) = 0.9 + 0.9\sin^2(t),\quad \tau_2(t) = 0.7 + 0.5\sin^2(t)$$

那么，显然对任意 i 和 j，$l_i = l_j = 1$，即 $L_1 = L_2 = I$。同时 $\overline{\tau}_1 = 1.8$，$\underline{\tau}_1 = 0.9$，$\overline{\tau}_2 = 1.2$，$\underline{\tau}_2 = 0.7$，$\mu_1 = 0.9$，$\mu_2 = 0.5$。

97

应用定理 5.1，通过 LMI 工具箱求解定理 5.1 中的式（5.11），容易判定系统式（5.41）在均方意义下是全局渐近稳定的，如图 5.1 所示。所得的一部分可行解如下：

$$P_1 = \begin{bmatrix} 1.3530 & -0.7322 \\ -0.7322 & 6.9207 \end{bmatrix}, \quad P_2 = \begin{bmatrix} 5.9807 & -2.8486 \\ -2.8486 & 8.7211 \end{bmatrix},$$

$$R_1 = \begin{bmatrix} 0.6759 & -0.2672 \\ -0.2672 & 2.8091 \end{bmatrix}, \quad R_2 = \begin{bmatrix} 1.2778 & -0.0802 \\ -0.0802 & 2.0147 \end{bmatrix},$$

$$T_1 = \begin{bmatrix} 0.0529 & -0.2375 \\ -0.2375 & 1.2405 \end{bmatrix}, \quad T_2 = \begin{bmatrix} 0.4037 & -0.8339 \\ -0.8339 & 2.4746 \end{bmatrix},$$

$$Z_1 = \begin{bmatrix} 0.2827 & -0.0196 \\ -0.0196 & 0.9826 \end{bmatrix}, \quad Z_2 = \begin{bmatrix} 1.2346 & -0.0011 \\ -0.0011 & 1.0711 \end{bmatrix},$$

$$\alpha_1 = 0.5372, \quad \alpha_2 = 1.7460$$

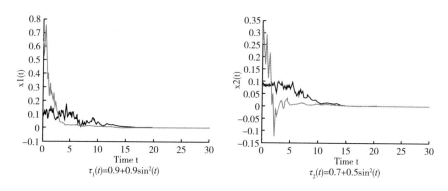

图 5.1　系统式（5.41）的时间响应曲线

例 5.2　考虑如下 BAM 神经网络模型：

$$\begin{cases} \mathrm{d}x_1(t) = \left[-A_1 x_1(t) + W_1 f_1(x_2(t-\tau_2(t))) \right] \mathrm{d}t \\ \qquad\qquad + \sigma_1(t, x_1(t), x_2(t-\tau_2(t))) \mathrm{d}\omega(t), \\ \mathrm{d}x_2(t) = \left[-A_2 x_2(t) + W_2 f_2(x_1(t-\tau_1(t))) \right] \mathrm{d}t \\ \qquad\qquad + \sigma_2(t, x_2(t), x_1(t-\tau_1(t))) \mathrm{d}\omega(t), \end{cases} \tag{5.42}$$

其中：

$$x_1(t) = [x_{11}(t), x_{12}(t)]^T, \quad x_2(t) = [x_{21}(t), x_{22}(t)]^T,$$

$$A_1 = \begin{bmatrix} 1.5 & 0 \\ 0 & 1 \end{bmatrix}, \quad W_1 = \begin{bmatrix} 1.8 & 0.2 \\ 0.2 & 0.1 \end{bmatrix}, \quad X_1 = Y_1 = 0.1I,$$

$$A_2 = \begin{bmatrix} 1 & 0 \\ 0 & 1 \end{bmatrix}, \quad W_1 = \begin{bmatrix} 0.3 & 0.1 \\ 0.1 & 0.3 \end{bmatrix}, \quad X_2 = Y_2 = 0.02I,$$

$$\sigma_1(t, x_1(t), x_2(t - \tau_2(t))) = (0.9x_{11}(t), 0.9x_{22}(t - \tau_2(t)))^T,$$

$$\sigma_2(t, x_2(t), x_1(t - \tau_1(t))) = (0.14x_{11}(t - \tau_1(t)), 0.14x_{22}(t))^T,$$

$$f_i(x) = \frac{1}{2}(|x + 1| - |x - 1|), \tau_1(t) = 1.3 + 1.1\sin^2(t),$$

$$\tau_2(t) = 1 + 0.9\sin^2(t)$$

取 $L_1 = L_2 = I$ 和 $\bar{\tau}_1 = 2.4$，$\underline{\tau}_1 = 1.3$，$\bar{\tau}_2 = 1.9$，$\underline{\tau}_1 = 1$，$\mu_1 = 1.1$，$\mu_2 = 0.9$。

应用定理 5.3，通过 LMI 工具箱求解定理 5.3 中的式（5.34）~ 式（5.36），所得的一部分可行解如下：

$$P_1 = \begin{bmatrix} 6.1719 & 0.4420 \\ 0.4420 & 11.3368 \end{bmatrix}, \quad P_2 = \begin{bmatrix} 34.4178 & -0.9030 \\ -0.9030 & 30.4109 \end{bmatrix},$$

$$R_1 = \begin{bmatrix} 6.3118 & 0.3002 \\ 0.3002 & 7.8403 \end{bmatrix}, \quad R_2 = \begin{bmatrix} 9.0260 & -0.3447 \\ -0.3447 & 9.4511 \end{bmatrix},$$

$$Z_5 = \begin{bmatrix} 9.8040 & 0.9388 \\ 0.9388 & 9.2729 \end{bmatrix}, \quad Z_6 = \begin{bmatrix} 1.9073 & 0.1193 \\ 0.1193 & 1.8696 \end{bmatrix},$$

$$Z_7 = \begin{bmatrix} 1.0735 & 0.0507 \\ 0.0507 & 1.0172 \end{bmatrix}, \quad Z_8 = \begin{bmatrix} 17.9262 & 2.7249 \\ 2.7249 & 16.0859 \end{bmatrix},$$

$$\alpha_1 = 5.0657, \quad \alpha_2 = 14.2841, \quad \rho_1 = 11.7124, \quad \rho_2 = 11.8777,$$

$$\rho_3 = 1.3633, \quad \rho_4 = 35.2401, \quad \rho_5 = 2.5531, \quad \rho_6 = 21.0552$$

因此，判定系统式（5.42）在均方意义下是全局渐近稳定的，如图 5.2 所示。

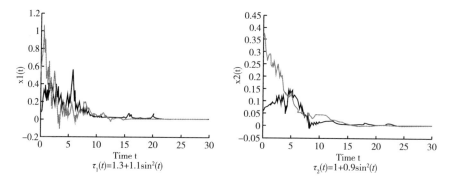

图 5.2　系统式（5.42）的时间响应曲线

例 5.3　考虑如下具有区间时滞和随机干扰的不确定 BAM 神经网络模型：

$$
\begin{cases}
\mathrm{d}x_1(t) = \big[-(A_1+\Delta A_1)x_1(t)+(W_1+\Delta W_1)f_1(x_2(t-\tau_2(t)))\big]\mathrm{d}t \\
\qquad\quad +\big[(C_1+\Delta C_1)x_1(t)+(D_1+\Delta D_1)x_2(t-\tau_2(t))\big]\mathrm{d}\omega(t) \\
\mathrm{d}x_2(t) = \big[-(A_2+\Delta A_2)x_2(t)+(W_2+\Delta W_2)f_2(x_1(t-\tau_1(t)))\big]\mathrm{d}t \\
\qquad\quad +\big[(C_2+\Delta C_2)x_2(t)+(D_2+\Delta D_2)x_1(t-\tau_1(t))\big]\mathrm{d}\omega(t)
\end{cases}
$$

$$(5.43)$$

其中：

$$
A_1=\begin{bmatrix}2.6 & 0\\0 & 2.1\end{bmatrix},\quad W_1=\begin{bmatrix}1.1 & 1\\-0.2 & 0.1\end{bmatrix},\quad C_1=\begin{bmatrix}0.5 & 0\\0 & 0.4\end{bmatrix},
$$

$$
D_1=\begin{bmatrix}0.2 & 0\\0 & 0.1\end{bmatrix},\quad A_2=\begin{bmatrix}3 & 0\\0 & 2\end{bmatrix},\quad W_2=\begin{bmatrix}0.9 & 0.1\\-0.1 & 0.1\end{bmatrix},
$$

$$
C_2=\begin{bmatrix}0.1 & 0\\0 & 0.3\end{bmatrix},\quad D_2=\begin{bmatrix}0.4 & 0\\0 & 0.4\end{bmatrix},
$$

$$H_1=H_2=H_3=H_4=0.1I,\quad H_5=H_6=H_7=H_8=0.2I,$$

$$E_1=E_2=E_3=E_4=0.2I,\quad E_5=E_6=E_7=E_8=0.4I,$$

$$\Delta A_1=H_1F_1(t)E_1,\quad \Delta W_1=H_2F_2(t)E_2,$$

$$\Delta A_2=H_3F_3(t)E_3,\quad \Delta W_2=H_4F_4(t)E_4,$$

$$\Delta C_1=H_5F_5(t)E_5,\quad \Delta D_1=H_6F_6(t)E_6,\quad \Delta C_2=H_7F_7(t)E_7,$$

$$\Delta D_2=H_8F_8(t)E_8,\ F_i(t)=diag\{\sin(t),\cos(2t)\},i=1,2,\cdots,8,$$

$$f_i(x) = \frac{1}{2}(\mid x + 1 \mid - \mid x - 1 \mid),$$

$$\tau_1(t) = 1 + 0.5\sin^2(t), \tau_2(t) = 0.8 + 1.2\sin^2(t)$$

取 $L_1 = L_2 = I$ 和 $\bar{\tau}_1 = 1.5$，$\underline{\tau}_1 = 1$，$\bar{\tau}_2 = 2$，$\underline{\tau}_1 = 0.8$，$\mu_1 = 0.5$，$\mu_2 = 1.2$。

应用定理 5.2，通过 LMI 工具箱求解定理 5.2 中的式（5.28），所得的一部分可行解如下：

$$P_1 = \begin{bmatrix} 0.2393 & 0.0083 \\ 0.0083 & 0.4475 \end{bmatrix}, \quad P_2 = \begin{bmatrix} 0.4146 & 0.0031 \\ 0.0031 & 0.5130 \end{bmatrix},$$

$$R_1 = \begin{bmatrix} 0.1506 & 0.0046 \\ 0.0046 & 0.2167 \end{bmatrix}, \quad R_2 = \begin{bmatrix} 0.2336 & 0.0079 \\ 0.0079 & 0.2442 \end{bmatrix},$$

$$T_1 = \begin{bmatrix} 0.1117 & 0.0151 \\ 0.0151 & 0.4475 \end{bmatrix}, \quad T_2 = \begin{bmatrix} 0.0497 & 0.0068 \\ 0.0068 & 0.0801 \end{bmatrix},$$

$$Z_1 = \begin{bmatrix} 0.0242 & 0.0005 \\ 0.0005 & 0.0467 \end{bmatrix}, \quad Z_2 = \begin{bmatrix} 0.0255 & -0.0003 \\ -0.0003 & 0.0391 \end{bmatrix},$$

$$\alpha_1 = 0.1449, \quad \alpha_2 = 0.2260, \quad \varepsilon_1 = 0.2179, \quad \varepsilon_2 = 0.1980,$$

$$\varepsilon_3 = 0.2266, \quad \varepsilon_4 = 0.2058, \quad \varepsilon_5 = 0.2326, \quad \varepsilon_6 = 0.1850,$$

$$\varepsilon_7 = 0.3078, \quad \varepsilon_8 = 0.2395$$

因此，可以判定本例中系统式（5.43）在均方意义下是全局渐近鲁棒稳定的，如图 5.3 所示。

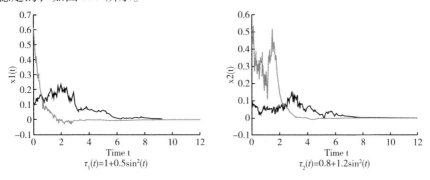

图 5.3 系统式（5.43）的时间响应曲线

5.5　本章小结

　　本章推导出了一些新的有关具有区间时滞和随机干扰的不确定 BAM 神经网络的全局渐近鲁棒稳定性的结论。通过应用随机分析和自由权值矩阵方法，构造合适的李雅普诺夫 – 克拉索夫斯基泛函并考虑时滞区间，导出了新的稳定性判定准则，用以保证时滞 BAM 神经网络在均方意义下是全局渐近鲁棒稳定的。与现有大部分已发表的文献中的 BAM 神经网络的均方稳定性充分条件不同，得到的稳定性判定准则已经去除了时变时滞的导数必须小于 1 这一限制。此外，时变时滞的下界必须等于 0 这一限制条件也被去除，所得的稳定性充分条件是与时滞区间相关以及导数相关（或无关）的。同时，这些准则既适用于慢时滞也适用于快时滞。本章最后用三个数值算例验证了所得结论的有效性。

第6章

时滞随机中立神经网络的
全局渐近稳定性

本章研究带时变时滞的随机中立神经网络在均方意义下的全局渐近稳定性问题。通过应用随机分析方法、自由权值矩阵方法和构造适当的李雅普诺夫 – 克拉索夫斯基泛函，导出几个新的稳定性判定准则，用以保证时滞随机中立神经网络在均方意义下是全局渐近稳定的。最后用数值算例验证理论结果的有效性和较少的保守性。

6.1 引　　言

近年来对时滞神经网络的稳定性研究已经受到了充分关注并且已有大量报道，在这些时滞神经网络的稳定性研究中对时延的考虑只针对过去状态对现在状态的影响，然而过去状态的变化对现在状态的影响也是不容忽视的，即中立型行为现象是不容忽视的。事实上，已有少数学者对一些系统采用中立型模型对其建模，如电子工程中的电路传输[181,182]、机械引擎中的控制器[183]和人口动态系统[82]。近两年来，对中立型时滞系统的稳定性研究迅速增加。中立型时滞神经网络不仅是一种考虑过去状态，而且还特别考虑过去状态的变化对现在状态影响的一种时滞神经网络。

学者们对中立型时滞神经网络各种形式的系统模型进行了分析。中立项的时滞形式和过去状态的时延形式都是常数的为常时滞类型。针对这种常时滞类型研究的有：文献［184，185］分析了时滞单一的常时滞模型；文献［186］分析了时滞多样的多时滞模型；文献［187，188］分析了双向联想记忆中立型模型。当中立型模型过去状态项中的时滞形式是一个变化的函数时，该模型被称为变时滞中立型模型。文献［189］分析了中立项的时滞形式为常数的变时滞中立型模型；文献［190］分析了中立项的时滞形式为时变函数的变时滞中立型模型。当过去状态中的时滞函数的最小值不一定小于 0 时，该模型被称为区间变时滞中立型模型[191-194]。文献［195］分析了脉冲变时滞中立型模型。另外还有一种分布式时滞中立型模型[196,197]。还有一些针对参数变化模型的稳定性研究。例如，参数变化方式不确定但限定在一个区间变动的鲁棒稳定性分析[189]，参数变化方式确定的稳定性分析[198]，以及参数变化形式为马尔可夫过程的稳定性分析[199]。文献［200］研究了带随机扰动的变时滞中立性神经网络的全局渐近稳定性问题。

受上述讨论的启发，本章将研究一类具有时变时滞和随机干扰的中立神经网络的全局渐近稳定性问题。

6.2 问题描述

时滞随机中立神经网络的动态行为可由以下状态方程描述：

$$d[x(t) - Dx(t - \tau(t))] = [-Cx(t) + Af(x(t)) + Bf(x(t - \tau(t)))]dt$$
$$+ [D_1 x(t) + D_2 x(t - \tau(t))]d\omega(t) \quad (6.1)$$

其中，$x(t) = [x_1(t), x_2(t), \cdots, x_n(t)]^T$ 是状态向量，$f(x(t)) = [f_1(x_1(t)), f_2(x_2(t)), \cdots f_n(x_n(t))]^T$ 是激活函数向量，$C = diag(c_1, c_2, \cdots, c_n)$ 为正定对角矩阵，$A = (a_{ij})_{n \times n}$ 是状态反馈矩阵，$B = (b_{ij})_{n \times n}$ 是状态时滞反馈矩

阵。$\omega(t) = [\omega_1(t), \omega_2(t), \cdots, \omega_m(t)]^T \in R^m$ 是一个定义在具有自然过滤 $\{\mathcal{F}_t\}_t \geqslant 0$ 的完备概率空间 $(\Omega, \mathcal{F}, \mathcal{P})$ 上的 m 维的布朗运动。

假设6.1 时滞 $\tau(t)$ 满足

$$0 \leqslant \tau(t) \leqslant h, \quad \dot{\tau}(t) \leqslant \mu \tag{6.2}$$

其中 h, μ 为正常量。

假设6.2 假设激活函数满足如下条件:

$$k_i^- \leqslant \frac{f_i(x) - f_i(y)}{x - y} \leqslant k_i^+, \forall x, y \in R^n, x \neq y, i = 1, 2, \cdots, n \tag{6.3}$$

这里 k_i^-, k_i^+ 为常量,该激活函数是全局科普希茨连续函数。

注6.1 文献 [184 – 199] 把常量 k_i^- 设定为零,这表明激活函数是单调递增的。然而,本章 k_i^-, k_i^+ 可以为正、负或零,其取值范围比文献 [184 – 199] 更一般化。因此,该激活函数可以是非单调的,而且显然比通常的 Sigmod 激活函数和分段线性函数 (piecewise linear function) 更一般。

现在给出本章在推导基于线性矩阵不等式的稳定性判定准则的过程中,将用到的几个引理。

引理6.1 对于任意适当维数常数矩阵 D 和 N,矩阵 $F(t)$ 满足 $F^T(t)F(t) \leqslant I$,这有:

(1) 对任意常数 $\varepsilon > 0, DF(t)N + N^T F^T(t) D^T \leqslant \varepsilon^{-1} DD^T + \varepsilon N^T N$。

(2) 对任意常数 $P > 0, 2a^T b \leqslant a^T P^{-1} a + b^T Pb$。

引理6.2(舒尔补充条件) 对给定的常对称阵 $\sum_1, \sum_2, \sum_3$,若 $\sum_1 = \sum_1^T$ 且 $0 < \sum_2 = \sum_2^T$,那么 $\sum_1 + \sum_3 \sum_2^{-1} \sum_3 < 0$,当且仅当

$$\begin{bmatrix} \sum_1 & \sum_3^T \\ \sum_3 & -\sum_2 \end{bmatrix} < 0, \text{ 或 } \begin{bmatrix} -\sum_2 & \sum_3 \\ \sum_3^T & \sum_1 \end{bmatrix} < 0$$

6.3 主要结论

定义 $K_1 = diag\{k_1^+, k_2^+, \cdots, k_n^+\}$, $K_0 = diag\{k_1^-, k_2^-, \cdots, k_n^-\}$。

为了便于证明，记

$$y(t) = -Cx(t) + Af(x(t)) + Bf(x(t-\tau(t)))$$

$$g(t) = D_1 x(t) + D_2 x(t-\tau(t))$$

则系统式（6.1）被记为

$$d[x(t) - Dx(t-\tau(t))] = y(t)dt + g(t)d\omega(t) \qquad (6.4)$$

定理 6.1 对于给定常量 $0 < h$, μ, 系统式（6.4）在均方意义下是全局渐近稳定的，如果存在矩阵 $P > 0$, $Q_i = Q_i^T \geq 0$, $i = 1$, 2, 3, $R_j = R_j^T \geq 0$, $j = 1$, 2, $T_j = diag\{t_{1j}, t_{2j}, \cdots, t_{nj}\} \geq 0$, $j = 1$, 2, 以及矩阵 E, S_i, N_i, $i = 1$, 2, 使得式（6.5）成立：

$$
\begin{bmatrix}
\Omega_{11} & \Omega_{12} & \Omega_{13} & \Omega_{14} & -S_1 & -hC^T R_1 & hD_1^T R_2 & hN_1 & hS_1 & N_1 & S_1 \\
* & \Omega_{22} & -D^T PA & \Omega_{24} & -S_2 & 0 & hD_2^T R_2 & hN_2 & hS_2 & N_2 & S_2 \\
* & * & \Omega_{33} & 0 & 0 & hA^T R_1 & 0 & 0 & 0 & 0 & 0 \\
* & * & * & \Omega_{44} & 0 & hB^T R_1 & 0 & 0 & 0 & 0 & 0 \\
* & * & * & * & -Q_3 & 0 & 0 & 0 & 0 & 0 & 0 \\
* & * & * & * & * & -hR_1 & 0 & 0 & 0 & 0 & 0 \\
* & * & * & * & * & * & -hR_2 & 0 & 0 & 0 & 0 \\
* & * & * & * & * & * & * & -hR_1 & 0 & 0 & 0 \\
* & * & * & * & * & * & * & * & -hR_1 & 0 & 0 \\
* & * & * & * & * & * & * & * & * & -R_2 & 0 \\
* & * & * & * & * & * & * & * & * & * & -R_2
\end{bmatrix} < 0
$$

$$(6.5)$$

其中：

$$\Omega_{11} = -2PC + Q_1 - 2K_1^T T_1 K_0 + 2N_1 + Q_3 + D_1^T P D_1,$$

$$\Omega_{12} = S_1 - N_1 + C^T P^T D + N_2^T + D_1^T P D_2,$$

$$\Omega_{13} = PA + E + K_1^T T_1 + T_1 K_0,$$

$$\Omega_{14} = PB + T_2 K_0,$$

$$\Omega_{22} = -(1-\mu)Q_1 - 2K_1^T T_2 K_0 - 2N_2 + 2S_2 + D_2^T P D_2,$$

$$\Omega_{24} = -D^T PB - E + K_1^T T_2,$$

$$\Omega_{33} = Q_2 - 2T_1,$$

$$\Omega_{44} = -(1-\mu)Q_2 - 2T_2,$$

证明：构造如下的李雅普洛夫 – 克拉索夫斯基泛函：

$$V(x(t)) = \sum_{i=1}^{3} V_i(x(t)) \tag{6.6}$$

$$V_1(x_t, t) = [x(t) - Dx(t-\tau(t))]^T P[x(t) - Dx(t-\tau(t))]$$

$$V_2(x_t, t) = \int_{t-\tau(t)}^{t} \begin{bmatrix} x(s) \\ f(x(s)) \end{bmatrix}^T \begin{bmatrix} Q_1 & E \\ E^T & Q_2 \end{bmatrix} \begin{bmatrix} x(s) \\ f(x(s)) \end{bmatrix} \mathrm{d}s$$

$$+ \int_{t-h}^{t} x^T(s) Q_3 x(s) \mathrm{d}s$$

$$V_3(x_t, t) = \int_{-h}^{0} \int_{t+\theta}^{t} y^T(s) R_1 y(s) \mathrm{d}s \mathrm{d}\theta + \int_{-h}^{0} \int_{t+\theta}^{t} g^T(s) R_2 g(s) \mathrm{d}s \mathrm{d}\theta$$

利用伊藤微分公式[128]，沿着系统式（6.4）解的轨迹，对 $V(x(t))$ 求时间的导数，计算如下：

$$\mathrm{d}V(x_t, t) = \mathcal{L}V_1(x_t, t) + \mathcal{L}V_2(x_t, t) + \mathcal{L}V_3(x_t, t)$$

$$+ \{2[x(t) - Dx(t-\tau(t))]^T Pg(t)\} \mathrm{d}\omega(t)$$

$$\mathcal{L}V_1(x_t, t) = 2[x(t) - Dx(t-\tau(t))]^T Py(t) + g^T(t) Pg(t)$$

$$\tag{6.7}$$

$$\mathcal{L}V_2(x_t, t) \leqslant \begin{bmatrix} x(t) \\ f(x(t)) \end{bmatrix}^T \begin{bmatrix} Q_1 & E \\ E^T & Q_2 \end{bmatrix} \begin{bmatrix} x(t) \\ f(x(t)) \end{bmatrix}$$

$$- (1 - \mu) \begin{bmatrix} x(t - \tau(t)) \\ f(x(t - \tau(t))) \end{bmatrix}^T \begin{bmatrix} Q_1 & E \\ E^T & Q_2 \end{bmatrix} \begin{bmatrix} x(t - \tau(t)) \\ f(x(t - \tau(t))) \end{bmatrix}$$

$$+ x^T(t) Q_3 x(t) - x^T(t - h) Q_3 x(t - h) \tag{6.8}$$

$$\mathcal{L}V_3(x_t, t) = h y^T(t) R_1 y(t) - \int_{t-h}^{t} y^T(s) R_1 y(s) \, \mathrm{d}s + h g^T(t) R_2 g(t)$$

$$- \int_{t-h}^{t} g^T(s) R_2 g(s) \, \mathrm{d}s$$

$$= h y^T(t) R_1 y(t) - \int_{t-\tau(t)}^{t} y^T(s) R_1 y(s) \, \mathrm{d}s$$

$$- \int_{t-h}^{t-\tau(t)} y^T(s) R_1 y(s) \, \mathrm{d}s$$

$$+ h g^T(t) R_2 g(t) - \int_{t-\tau(t)}^{t} g^T(s) R_2 g(s) \, \mathrm{d}\omega(s)$$

$$- \int_{t-h}^{t-\tau(t)} g^T(s) R_2 g(s) \, \mathrm{d}\omega(s) \tag{6.9}$$

由牛顿 - 莱布尼茨公式, 对于任意适当维数矩阵 N_1, N_2, S_1, S_2, 下面的等式成立:

$$0 = 2 [x^T(t) N_1 + x^T(t - \tau(t)) N_2]$$

$$\times \left[x(t) - x(t - \tau(t)) - \int_{t-\tau(t)}^{t} y(s) \, \mathrm{d}s - \int_{t-\tau(t)}^{t} g(s) \, \mathrm{d}\omega(s) \right]$$

$$\tag{6.10}$$

$$0 = 2 [x^T(t) S_1 + x^T(t - \tau(t)) S_2]$$

$$\times \left[x(t - \tau(t)) - x(t - h) - \int_{t-h}^{t-\tau(t)} y(s) \, \mathrm{d}s - \int_{t-h}^{t-\tau(t)} g(s) \, \mathrm{d}\omega(s) \right]$$

$$\tag{6.11}$$

由引理 6.1, 下面的不等式成立:

$$- 2\xi^T(t) N \int_{t-\tau(t)}^{t} y(s) \, \mathrm{d}s \leqslant h\xi^T(t) N R_1^{-1} N^T \xi(t) + \int_{t-\tau(t)}^{t} y^T(s) R_1 y(s) \, \mathrm{d}s$$

$$- 2\xi^T(t) S \int_{t-h}^{t-\tau(t)} y(s) \, \mathrm{d}s \leqslant h\xi^T(t) S R_1^{-1} S^T \xi(t) + \int_{t-h}^{t-\tau(t)} y^T(s) R_1 y(s) \, \mathrm{d}s$$

$$-2\xi^T(t)N\int_{t-\tau(t)}^t g(s)\mathrm{d}\omega(s) \leqslant \xi^T(t)NR_2^{-1}N^T\xi(t)$$

$$+\int_{t-\tau(t)}^t g^T(s)\mathrm{d}\omega(s)R_2\int_{t-\tau(t)}^t g(s)\mathrm{d}\omega(s)$$

$$-2\xi^T(t)S\int_{t-h}^{t-\tau(t)} g(s)\mathrm{d}\omega(s) \leqslant \xi^T(t)SR_2^{-1}S^T\xi(t)$$

$$+\int_{t-h}^{t-\tau(t)} g^T(s)\mathrm{d}\omega(s)R_2\int_{t-h}^{t-\tau(t)} g^T(s)\mathrm{d}\omega(s)$$

$$(6.12)$$

其中

$$\xi(t) = [x^T(t)x^T(t-\tau(t))f^T(x(t))f^T(x(t-\tau(t)))x^T(t-h)]^T$$

我们注意到，对任意对角矩阵 $T_1>0$ 和 $T_2>0$，由式（6.3）有

$$-2\sum_{i=1}^n t_{i1}(f_i(x_i(t))-k_i^+ x_i(t))(f_i(x_i(t))-k_i^- x_i(t)) \geqslant 0$$

$$-2\sum_{i=1}^n t_{i2}(f_i(x_i(t-\tau(t)))-k_i^+ x_i(t-\tau(t)))(f_i(x_i(t-\tau(t)))$$

$$-k_i^- x_i(t-\tau(t))) \geqslant 0$$

可得：

$$-2(f(x(t))-K_1 x(t))^T T_1(f(x(t))-K_0 x(t)) \geqslant 0$$

$$-2(f(x(t-\tau(t)))-K_1 x(t-\tau(t)))^T T_2(f(x(t-\tau(t)))$$

$$-K_0 x(t-\tau(t))) \geqslant 0 \qquad (6.13)$$

由式（6.7）~式（6.13），有

$$\mathcal{L}V(x_t,t) \leqslant 2[x(t)-Dx(t-\tau(t))]^T Py(t) + g^T(t)Pg(t)$$

$$+\begin{bmatrix} x(t) \\ f(x(t)) \end{bmatrix}^T \begin{bmatrix} Q_1 & E \\ E^T & Q_2 \end{bmatrix} \begin{bmatrix} x(t) \\ f(x(t)) \end{bmatrix}$$

$$-(1-\mu)\begin{bmatrix} x(t-\tau(t)) \\ f(x(t-\tau(t))) \end{bmatrix}^T \begin{bmatrix} Q_1 & E \\ E^T & Q_2 \end{bmatrix} \begin{bmatrix} x(t-\tau(t)) \\ f(x(t-\tau(t))) \end{bmatrix}$$

$$+ x^T(t) Q_3 x(t) - x^T(t-h) Q_3 x(t-h)$$

$$+ h y^T(t) R_1 y(t) + h g^T(t) R_2 g(t)$$

$$- \int_{t-\tau(t)}^{t} y^T(s) R_1 y(s) \, \mathrm{d}s - \int_{t-h}^{t-\tau(t)} y^T(s) R_1 y(s) \, \mathrm{d}s$$

$$- \int_{t-\tau(t)}^{t} g^T(s) R_2 g(s) \, \mathrm{d}\omega(s) - \int_{t-h}^{t-\tau(t)} g^T(s) R_2 g(s) \, \mathrm{d}\omega(s)$$

$$+ 2[x^T(t) N_1 + x^T(t-\tau(t)) N_2][x(t) - x(t-\tau(t))]$$

$$+ 2[x^T(t) S_1 + x^T(t-\tau(t)) S_2][x(t-\tau(t)) - x(t-h)]$$

$$+ h \xi^T(t) N R_1^{-1} N^T \xi(t) + \int_{t-\tau(t)}^{t} y^T(s) R_1 y(s) \, \mathrm{d}s$$

$$+ \xi^T(t) N R_2^{-1} N^T \xi(t) + \int_{t-\tau(t)}^{t} g^T(s) \, \mathrm{d}\omega(s) R_2 \int_{t-\tau(t)}^{t} g(s) \, \mathrm{d}\omega(s)$$

$$+ h \xi^T(t) S R_1^{-1} S^T \xi(t) + \int_{t-h}^{t-\tau(t)} y^T(s) R_1 y(s) \, \mathrm{d}s$$

$$+ \xi^T(t) S R_2^{-1} S^T \xi(t) + \int_{t-h}^{t-\tau(t)} g^T(s) \, \mathrm{d}\omega(s) R_2 \int_{t-h}^{t-\tau(t)} g^T(s) \, \mathrm{d}\omega(s)$$

$$- 2(f(x(t)) - K_1 x(t))^T T_1 (f(x(t)) - K_0 x(t))$$

$$- 2(f(x(t-\tau(t))) - K_1 x(t-\tau(t)))^T T_2 (f(x(t-\tau(t)))$$

$$- K_0 x(t-\tau(t)))$$

$$\leqslant 2[x(t) - D x(t-\tau(t))]^T P[-C x(t) + A f(x(t))$$

$$+ B f(x(t-\tau(t)))] + [D_1 x(t) + D_2 x(t-\tau(t))]^T$$

$$\times P[D_1 x(t) + D_2 x(t-\tau(t))]$$

$$+ \begin{bmatrix} x(t) \\ f(x(t)) \end{bmatrix}^T \begin{bmatrix} Q_1 & E \\ E^T & Q_2 \end{bmatrix} \begin{bmatrix} x(t) \\ f(x(t)) \end{bmatrix}$$

$$- (1-\mu) \begin{bmatrix} x(t-\tau(t)) \\ f(x(t-\tau(t))) \end{bmatrix}^T \begin{bmatrix} Q_1 & E \\ E^T & Q_2 \end{bmatrix} \begin{bmatrix} x(t-\tau(t)) \\ f(x(t-\tau(t))) \end{bmatrix}$$

$$+ x^T(t) Q_3 x(t) - x^T(t-h) Q_3 x(t-h)$$

$$+ h[-C x(t) + A f(x(t)) + B f(x(t-\tau(t)))]^T R_1 [-C x(t)$$

$$+ A f(x(t)) + B f(x(t-\tau(t)))]$$

$$-\int_{t-\tau(t)}^{t} g^{T}(s) R_{2} g(s) d\omega(s) - \int_{t-h}^{t-\tau(t)} g^{T}(s) R_{2} g(s) d\omega(s)$$

$$+ h\left[D_{1} x(t) + D_{2} x(t - \tau(t))\right]^{T} R_{2}\left[D_{1} x(t) + D_{2} x(t - \tau(t))\right]^{T}$$

$$+ 2\left[x^{T}(t) N_{1} + x^{T}(t - \tau(t)) N_{2}\right]\left[x(t) - x(t - \tau(t))\right]$$

$$+ 2\left[x^{T}(t) S_{1} + x^{T}(t - \tau(t)) S_{2}\right]\left[x(t - \tau(t)) - x(t - h)\right]$$

$$+ h\xi^{T}(t) N R_{1}^{-1} N^{T} \xi(t) + h\xi^{T}(t) S R_{1}^{-1} S^{T} \xi(t) + \xi^{T}(t) N R_{2}^{-1} N^{T} \xi(t)$$

$$+ \xi^{T}(t) S R_{2}^{-1} S^{T} \xi(t) + \int_{t-\tau(t)}^{t} g^{T}(s) d\omega(s) R_{2} \int_{t-\tau(t)}^{t} g(s) d\omega(s)$$

$$+ \int_{t-h}^{t-\tau(t)} g^{T}(s) d\omega(s) R_{2} \int_{t-h}^{t-\tau(t)} g^{T}(s) d\omega(s) - 2(f(x(t))$$

$$- K_{1} x(t))^{T} T_{1}(f(x(t)) - K_{0} x(t)) - 2(f(x(t - \tau(t)))$$

$$- K_{1} x(t - \tau(t)))^{T} T_{2}(f(x(t - \tau(t))) - K_{0} x(t - \tau(t)))$$

$$\leqslant \xi^{T}(t)(\Omega_{1} + \Omega_{2}^{T} R_{1} \Omega_{2} + \Omega_{3}^{T} R_{2} \Omega_{3} + h N R_{1}^{-1} N^{T} + h S R_{1}^{-1} S^{T}$$

$$+ N R_{2}^{-1} N^{T} + S R_{2}^{-1} S^{T}) \xi(t) - \int_{t-\tau(t)}^{t} g^{T}(s)) R_{2} g(s) d\omega(s)$$

$$- \int_{t-h}^{t-\tau(t)} g^{T}(s) R_{2} g(s) d\omega(s) + \int_{t-\tau(t)}^{t} g^{T}(s) d\omega(s) R_{2} \int_{t-\tau(t)}^{t} g(s) d\omega(s)$$

$$+ \int_{t-h}^{t-\tau(t)} g^{T}(s) d\omega(s) R_{2} \int_{t-h}^{t-\tau(t)} g^{T}(s) d\omega(s) \tag{6.14}$$

其中:

$$\Omega_{1} = \begin{bmatrix} \Omega_{11} & \Omega_{12} & \Omega_{13} & PB + T_{2} K_{0} & -S_{1} \\ * & \Omega_{22} & -D^{T} PA & \Omega_{24} & -S_{1} \\ * & * & Q_{2} - 2T_{1} & 0 & 0 \\ * & * & * & \Omega_{44} & 0 \\ * & * & * & * & -Q_{3} \end{bmatrix}$$

$$\Omega_{2} = \begin{bmatrix} -A & 0 & C & B & 0 \end{bmatrix}, \quad \Omega_{3} = \begin{bmatrix} D_{1} & D_{2} & 0 & 0 & 0 \end{bmatrix}$$

因为:

$$E\left\{ \left(\int_{t-\tau(t)}^{t} g(s) d\omega(s)\right)^{T} R_{2}\left(\int_{t-\tau(t)}^{t} g(s) d\omega(s)\right) \right\}$$

$$= \mathrm{E}\left\{\int_{t-\tau(t)}^{t} g^T(s) R_2 g(s)\,\mathrm{d}s\right\}$$

$$\mathrm{E}\left\{\left(\int_{t-h}^{t-\tau(t)} g(s)\,\mathrm{d}\omega(s)\right)^T R_2 \left(\int_{t-h}^{t-\tau(t)} g(s)\,\mathrm{d}\omega(s)\right)\right\}$$

$$= \mathrm{E}\left\{\int_{t-h}^{t-\tau(t)} g^T(s) R_2 g(s)\,\mathrm{d}s\right\}$$

因此，对任意 $x(t)\,[\,x(t)=0\ 除外\,]$，$\mathrm{E}[\,\mathrm{d}V(x_t,t)\,] = \mathrm{E}[\,\mathcal{L}V(x_t,t)\,\mathrm{d}t\,] < 0$ 成立。

应用引理 6.2，容易得到式（6.5）等价于 $\Omega < 0$。

$$\Omega = \Omega_1 + \Omega_2^T R_1 \Omega_2 + \Omega_3^T R_2 \Omega_3 + hNR_1^{-1}N^T + hSR_1^{-1}S^T$$
$$+ NR_2^{-1}N^T + SR_2^{-1}S^T$$

由李雅普诺夫稳定性定理，具有随机干扰的中立神经网络式（6.4）在均方意义下是全局渐近稳定的。定理 6.1 证明完毕。

注 6.2 在李雅普诺夫 – 克拉索夫斯基泛函中，引入一个新的项 $\int_{t-\tau(t)}^{t} \begin{bmatrix} x(s) \\ f(x(s)) \end{bmatrix}^T \begin{bmatrix} Q_1 & E \\ E^T & Q_2 \end{bmatrix} \begin{bmatrix} x(s) \\ f(x(s)) \end{bmatrix} \mathrm{d}s$ 来代替文献［200］中的 $\int_{t-\tau(t)}^{t} x^T(s) Q_1 x(s)\,\mathrm{d}s + \int_{t-\tau(t)}^{t} f^T(x(s)) Q_2 f(x(s))\,\mathrm{d}s$。该项不仅包含了状态项 $\int_{t-\tau(t)}^{t} x^T(s) Q_1 x(s)\,\mathrm{d}s + \int_{t-\tau(t)}^{t} f^T(x(s)) Q_2 f(x(s))\,\mathrm{d}s$，而且还包含了一个叉积项 $\int_{t-\tau(t)}^{t} x^T(s) E f(x(s))\,\mathrm{d}s$。显然，矩阵 E 提供了额外的自由度并将带来具有较少保守性的结果。

情形 1 定理 6.1 适用于 μ 已知的情况。然而，在很多情况下，时滞函数的导数是未知的。事实上，当 $\mu \geq 1$ 时，Q_1，Q_2 和 E 对提高稳定性的条件并没有帮助。注意到，通过设 $Q_1 = Q_2 = E = 0$，定理 6.1 可以得到一个与导数无关的稳定性判据。

推论 6.1 对于给定常量 $0 < h$，系统式（6.4）在均方意义下是全局渐近稳定的，如果存在矩阵 $P > 0$，$Q_3 \geq 0$，$R_j = R_j^T \geq 0$，$j = 1$，2，$T_j = diag$

$\{t_{1j}, t_{2j}, \cdots, t_{nj}\} \geqslant 0$，$j = 1$，$2$，以及矩阵 S_i，N_i，$i = 1$，2，使得式（6.15）成立：

$$
\begin{bmatrix}
\Omega_{11} & \Omega_{12} & \Omega_{13} & \Omega_{14} & -S_1 & -hC^TR_1 & hD_1^TR_2 & hN_1 & hS_1 & N_1 & S_1 \\
* & \Omega_{22} & -D^TPA & \Omega_{24} & -S_2 & 0 & hD_2^TR_2 & hN_2 & hS_2 & N_2 & S_2 \\
* & * & -2T_1 & 0 & 0 & hA^TR_1 & 0 & 0 & 0 & 0 & 0 \\
* & * & * & -2T_2 & 0 & hB^TR_1 & 0 & 0 & 0 & 0 & 0 \\
* & * & * & * & -Q_3 & 0 & 0 & 0 & 0 & 0 & 0 \\
* & * & * & * & * & -hR_1 & 0 & 0 & 0 & 0 & 0 \\
* & * & * & * & * & * & -hR_2 & 0 & 0 & 0 & 0 \\
* & * & * & * & * & * & * & -hR_1 & 0 & 0 & 0 \\
* & * & * & * & * & * & * & * & -hR_1 & 0 & 0 \\
* & * & * & * & * & * & * & * & * & -R_2 & 0 \\
* & * & * & * & * & * & * & * & * & * & -R_2
\end{bmatrix} < 0
$$

$$(6.15)$$

其中：

$$\Omega_{11} = -2PC - 2K_1^TT_1K_0 + 2N_1 + Q_3 + D_1^TPD_1,$$

$$\Omega_{12} = S_1 - N_1 + C^TP^TD + N_2^T + D_1^TPD_2,$$

$$\Omega_{13} = PA + K_1^TT_1 + T_1K_0,$$

$$\Omega_{14} = PB + T_2K_0,$$

$$\Omega_{22} = -2K_1^TT_2K_0 - 2N_2 + 2S_2 + D_2^TPD_2,$$

$$\Omega_{24} = -D^TPB + K_1^TT_2$$

证明过程与定理 6.1 极为相似，故在此将证明略去。

情形 2 考虑不存在随机干扰，时滞中立神经网络可以描述为：

$$\dot{x}(t) - D\dot{x}(t - \tau(t)) = -Cx(t) + Af(x(t)) + Bf(x(t - \tau(t)))$$

$$(6.16)$$

推论 6.2 对于给定常量 $0 < h$，μ，系统式（6.4）是全局渐近稳定的，如果存在矩阵 $P > 0$，$Q_i = Q_i^T \geq 0$，$i = 1, 2, 3$，$R_1 \geq 0$，$T_j = diag\{t_{1j}, t_{2j}, \cdots, t_{nj}\} \geq 0$，$j = 1, 2$，以及矩阵 E，S_i，N_i，$i = 1, 2$，使得式（6.17）成立：

$$
\begin{bmatrix}
\Omega_{11} & \Omega_{12} & \Omega_{13} & \Omega_{14} & -S_1 & -hC^TR_1 & hN_1 & hS_1 \\
* & \Omega_{22} & -D^TPA & \Omega_{24} & -S_2 & 0 & hN_2 & hS_2 \\
* & * & \Omega_{33} & 0 & 0 & hA^TR_1 & 0 & 0 \\
* & * & * & \Omega_{44} & 0 & hB^TR_1 & 0 & 0 \\
* & * & * & * & -Q_3 & 0 & 0 & 0 \\
* & * & * & * & * & -hR_1 & 0 & 0 \\
* & * & * & * & * & * & -hR_1 & 0 \\
* & * & * & * & * & * & * & -hR_1
\end{bmatrix} < 0
$$

$$(6.17)$$

其中：

$$\Omega_{11} = -2PC + Q_1 - 2K_1^TT_1K_0 + 2N_1 + Q_3,$$

$$\Omega_{12} = S_1 - N_1 + C^TP^TD + N_2^T,$$

$$\Omega_{13} = PA + E + K_1^TT_1 + T_1K_0,$$

$$\Omega_{14} = PB + T_2K_0,$$

$$\Omega_{22} = -(1 - \mu)Q_1 - 2K_1^TT_2K_0 - 2N_2 + 2S_2,$$

$$\Omega_{24} = -D^TPB - E + K_1^TT_2,$$

$$\Omega_{33} = Q_2 - 2T_1,$$

$$\Omega_{44} = -(1 - \mu)Q_2 - 2T_2,$$

证明过程也与定理 6.1 极为相似，故也略去。

考虑导数未知的情况，由推论 6.2 得到了以下稳定性判定准则：

推论 6.3 对于给定常量 $0 < h$，系统式（6.4）是全局渐近稳定的，

如果存在矩阵 $P > 0$，$Q_3 \geq 0$，$R_1 \geq 0$，$T_j = diag\{t_{1j}, t_{2j}, \cdots, t_{nj}\} \geq 0$，$j = 1$，

2，以及矩阵 S_i，N_i，$i = 1$，2，使得式（6.18）成立：

$$
\begin{bmatrix}
\Omega_{11} & \Omega_{12} & \Omega_{13} & \Omega_{14} & -S_1 & -hC^TR_1 & hN_1 & hS_1 \\
* & \Omega_{22} & -D^TPA & \Omega_{24} & -S_2 & 0 & hN_2 & hS_2 \\
* & * & -2T_1 & 0 & 0 & hA^TR_1 & 0 & 0 \\
* & * & * & -2T_2 & 0 & hB^TR_1 & 0 & 0 \\
* & * & * & * & -Q_3 & 0 & 0 & 0 \\
* & * & * & * & * & -hR_1 & 0 & 0 \\
* & * & * & * & * & * & -hR_1 & 0 \\
* & * & * & * & * & * & * & -hR_1
\end{bmatrix} < 0
$$

$$(6.18)$$

其中：

$$\Omega_{11} = -2PC - 2K_1^TT_1K_0 + 2N_1 + Q_3,$$

$$\Omega_{12} = S_1 - N_1 + C^TP^TD + N_2^T,$$

$$\Omega_{13} = PA + K_1^TT_1 + T_1K_0,$$

$$\Omega_{14} = PB + T_2K_0,$$

$$\Omega_{22} = -2K_1^TT_2K_0 - 2N_2 + 2S_2,$$

$$\Omega_{24} = -D^TPB + K_1^TT_2$$

证明过程比较简单，故也略去。

6.4　数值算例

本节将用三个数值算例来说明所得结果的有效性。

例6.1　考虑如下时滞随机中立神经网络：

$$\mathrm{d}[x(t) - Dx(t - \tau(t))] = [-Cx(t) + Af(x(t)) + Bf(x(t - \tau(t)))]\mathrm{d}t$$

$$+ \left[D_1 x(t) + D_2 x(t - \tau(t)) \right] \mathrm{d}\omega(t) \qquad (6.19)$$

其中:

$$A = \begin{bmatrix} 5.5 & 0.1 \\ 0.1 & 5.5 \end{bmatrix}, \quad B = \begin{bmatrix} 0.1 & 0.16 \\ 0.05 & 0.1 \end{bmatrix}, \quad C = \begin{bmatrix} 1.5 & 0 \\ 0 & 1.5 \end{bmatrix},$$

$$D = \begin{bmatrix} 0.2 & 0 \\ 0 & 0.2 \end{bmatrix}, \quad D_1 = \begin{bmatrix} 0.1 & 0 \\ 0 & 0.2 \end{bmatrix}, \quad D_2 = \begin{bmatrix} 0.2 & 0 \\ 0 & 0.4 \end{bmatrix},$$

$$K_1 = \begin{bmatrix} 0.5 & 0 \\ 0 & 0.5 \end{bmatrix}, \quad K_0 = \begin{bmatrix} 0.2 & 0 \\ 0 & 0.2 \end{bmatrix}, \quad h = 2, \quad \mu = 1.2$$

通过 LMI 工具箱求解定理 6.1 中的式（6.5），得到下面的一组可行解:

$$P = \begin{bmatrix} 0.0072 & 0.0000 \\ 0.0000 & -0.0050 \end{bmatrix}, \quad Q_1 = \begin{bmatrix} -11.2371 & -0.0121 \\ -0.0121 & -12.1770 \end{bmatrix},$$

$$Q_2 = \begin{bmatrix} -11.3730 & 0.1732 \\ 0.1732 & -11.3856 \end{bmatrix}, \quad Q_3 = \begin{bmatrix} 5.7464 & 0.0045 \\ 0.0045 & 6.3053 \end{bmatrix},$$

$$R_1 = \begin{bmatrix} 0.2045 & -0.0070 \\ -0.0070 & 0.2050 \end{bmatrix}, \quad R_2 = \begin{bmatrix} 3.0712 & -0.0004 \\ -0.0004 & 2.8112 \end{bmatrix},$$

$$S_1 = \begin{bmatrix} -0.0040 & 0.0000 \\ 0.0002 & -0.0145 \end{bmatrix}, \quad S_2 = \begin{bmatrix} -0.0388 & 0.0018 \\ 0.0020 & -0.0460 \end{bmatrix},$$

$$N_1 = \begin{bmatrix} 0.0201 & -0.0007 \\ -0.0021 & 0.0330 \end{bmatrix}, \quad N_2 = \begin{bmatrix} 0.0393 & -0.0017 \\ -0.0015 & 0.0373 \end{bmatrix},$$

$$T_1 = \begin{bmatrix} -1.0449 & 0 \\ 0 & -1.0449 \end{bmatrix}, \quad T_2 = \begin{bmatrix} 1.6293 & 0 \\ 0 & 1.6293 \end{bmatrix},$$

$$E = \begin{bmatrix} 0.8229 & -0.0036 \\ -0.0028 & 0.9493 \end{bmatrix}$$

因此，由定理 6.1，该系统式（6.19）在均方意义下是全局渐近稳定的。

应该指出，文献［184 - 199］中的准则只适用于 $K_0 = 0$ 的情形，这些准则都不能应用于本例。因此，定理 6.1 的结果比文献［184－199］的结果具有较少的保守性。

例 6.2 考虑如下时滞中立神经网络：

$$\dot{x}(t) - D\dot{x}(t-\tau(t)) = -Cx(t) + Af(x(t)) + Bf(x(t-\tau(t)))$$
(6.20)

其中：

$$A = \begin{bmatrix} \alpha & 0.1 \\ 0.1 & \alpha \end{bmatrix}, \quad B = \begin{bmatrix} 0.1 & 0.16 \\ 0.05 & 0.1 \end{bmatrix}, \quad C = \begin{bmatrix} 0.2 & 0 \\ 0 & 0.2 \end{bmatrix},$$

$$D = \begin{bmatrix} 1.5 & 0 \\ 0 & 1.5 \end{bmatrix}, \quad K_1 = \begin{bmatrix} 1 & 0 \\ 0 & 1 \end{bmatrix}, \quad K_0 = 1, \quad h = 1, \quad \mu = 0$$

当 $\alpha = 2$ 时，通过 LMI 工具箱求解推论 6.3 中的式（6.18），得到下面的一组可行解：

$$P = \begin{bmatrix} 0.6539 & -0.0243 \\ -0.0243 & 0.6559 \end{bmatrix}, \quad Q_3 = \begin{bmatrix} 0.5748 & -0.0175 \\ -0.0175 & 0.5795 \end{bmatrix},$$

$$R_1 = \begin{bmatrix} 0.1621 & -0.0098 \\ -0.0098 & 0.1624 \end{bmatrix}, \quad S_1 = \begin{bmatrix} -0.0216 & 0.0004 \\ 0.0010 & -0.0213 \end{bmatrix},$$

$$S_2 = \begin{bmatrix} -0.0127 & -0.0031 \\ -0.0028 & -0.0116 \end{bmatrix}, \quad N_1 = \begin{bmatrix} 0.0095 & -0.0043 \\ -0.0050 & 0.0096 \end{bmatrix},$$

$$N_2 = \begin{bmatrix} -0.0063 & 0.0026 \\ 0.0020 & -0.0059 \end{bmatrix}, \quad T_1 = \begin{bmatrix} -1.4300 & 0 \\ 0 & -1.4300 \end{bmatrix},$$

$$T_2 = \begin{bmatrix} 0.4407 & 0 \\ 0 & 0.4407 \end{bmatrix}$$

因此，由推论 6.3，该系统式（6.20）在均方意义下是全局渐近稳定的。

值得指出的是，在相同条件下，应用文献［201，202］中的稳定性判定准则无法得到可行解。因此，推论 6.3 的结果比文献［201，202］的结果具有较少的保守性。

例 6.3 考虑如下时滞中立神经网络：

$$\dot{x}(t) - D\dot{x}(t - \tau(t)) = -Cx(t) + Af(x(t)) + Bf(x(t - \tau(t)))$$

$$(6.21)$$

其中：

$$C = \begin{bmatrix} 2.6 & 0 \\ 0 & 1.8 \end{bmatrix}, \quad A = \begin{bmatrix} -0.2 & 0.2 \\ 0.26 & 0.1 \end{bmatrix}, \quad B = \begin{bmatrix} -0.1 & -0.2 \\ 0.2 & 0.1 \end{bmatrix},$$

$$D = 0, \quad K_1 = \begin{bmatrix} 3.5 & 0 \\ 0 & 0.6 \end{bmatrix}, \quad K_0 = 0$$

当 $\tau(t) = h$ 为常数时，利用文献 [203，204] 稳定性判定准则来判定上述系统的稳定性时，文献 [203] 中时滞 h 的最大上界为 0.2006，文献 [204] 中时滞 h 的最大上界为 1.0345。由推论 6.2 可知，对任意 $h > 0$ 时，都能得到可行解。这表明该系统的稳定是与时滞无关的，同时也表明该结果比文献 [203，204] 的结果具有较少的保守性。

另外，值得指出的是，当 $\mu = 1.2 > 1$ 时，应用推论 6.2，对任意 $h > 0$ 时，都能得到可行解。

6.5   本章小结

本章研究了带时变时滞的随机中立神经网络在均方意义下的全局渐近稳定性问题。通过应用随机分析方法、自由权值矩阵方法和构造适当的李雅普诺夫 – 克拉索夫斯基泛函，导出了一些新的、具有较少保守性的稳定性判定准则，用以保证时滞随机中立神经网络在均方意义下是全局渐近稳定的。数值算例验证了理论结果的有效性。

第7章

带区间时变时滞的 BAM 神经
网络渐近稳定性

本章将应用随机分析和自由权值矩阵方法，构造合适的李雅普诺夫 – 克拉索夫斯基泛函并考虑时滞区间，研究新的稳定性判定准则，用以保证时滞 BAM 神经网络在均方意义下是全局渐近稳定的。数值仿真算例验证了结论的有效性。

7.1 引　　言

双向联想记忆（BAM）神经网络已经成功应用于诸多领域，如模式识别、图像处理、自动控制、模型辨识和优化问题等。所有这些成功的应用都必须依赖于神经网络的稳定性。众所周知，许多实际系统的数学模型中均含有时滞的现象，在 BAM 神经网络中也不例外。例如，在模拟神经网络电路实现中，由于运放器的开关速度限制会产生时滞，神经网络中的轴突信号传输延迟也会产生时滞。这些都会导致不良的动态网络特性，即系统失稳、产生振荡甚至混沌，造成系统性能指标的下降。目前，时滞 BAM 神经网络的稳定性分析问题已经取得了大量的研究成果[205-211]，其中时滞类型包括常时滞、变时滞与分布时滞等。

事实上，在很多实际的系统中，比如在物理电路、生物系统、化学反应过程中随机因素的干扰在动力系统中起着非常重要的作用。此外，按照现代神经生理学的观点，生物神经元本质上也是随机的。因为神经网络重复地接受相同的外部刺激，其自身响应也不尽相同，这也意味着随机性在生物神经网络中起着重要的作用。那么正是由于随机因素客观存在于实际过程中，确定性系统建模只能描述实际过程动态特性的某种近似。显而易见，利用确定性系统理论的系统建模方法对某些系统实行的描述常常会严重背离所期望的效果，甚至会带来灾难性的后果。为了抵消这些不确定因素的影响，必须将系统描述为随机系统。

一般而言，在生物神经系统中，突触递质的传递会受到随机噪声和其他一些概率事件的影响，这些随机扰动理所当然地会影响神经系统的稳定性。系统建模一个基本原则是尽可能模拟实际情况，因此，在 BAM 神经网络的建模中考虑随机扰动也是不可避免的。截至目前，已有许多国内外学者致力于带有随机干扰的时滞 BAM 神经网络的稳定性研究工作。例如，应用随机分析方法研究一类具有离散和分布时滞的 BAM 神经网络随机稳定性[212]；研究一类具有马尔可夫跳跃脉冲和非线性扩散的模态依赖时变时滞 BAM 神经网络随机稳定性[213]。然而，对于某些系统，在时滞非零时是稳定的，时滞为零时却是不稳定的。因此，研究非零时滞系统的稳定性十分重要，非零时滞可以将时滞定义在一个区间内，应用范围更广。

7.2　系统模型及引理

考虑以下带区间时滞的双向联想记忆神经网络模型：

$$
\begin{cases}
\dfrac{\mathrm{d}u_{1i}(t)}{\mathrm{d}t} = -a_{1i}u_{1i}(t) + \sum_{j=1}^{m} w_{1ji}\widetilde{f}_{1j}(u_{2j}(t-\tau_{2j}(t))) + I_i, & i = 1,2,\cdots,n \\[4mm]
\dfrac{\mathrm{d}u_{2j}(t)}{\mathrm{d}t} = -a_{2j}u_{2j}(t) + \sum_{i=1}^{n} w_{2ij}\widetilde{f}_{2i}(u_{1i}(t-\tau_{1i}(t))) + J_j, & j = 1,2,\cdots,m
\end{cases}
$$

$$(7.1)$$

其中 $u_{1i}(t)$ 和 $u_{2j}(t)$ 分别是第 i 个神经元和第 j 个神经元的状态；$\tilde{f}_{1j}(\cdot)$，$\tilde{f}_{2i}(\cdot)$ 分别表示第 i 个神经元和第 j 个神经元的激活函数；I_i,J_j 表示在 t 时刻的外部输入；a_{1i},a_{2j} 为正数，分别表示第 i 个神经元和第 j 个神经元的被动衰减率；w_{1ji},w_{2ij} 表示突触连接权值；$\tau_{1i}(t),\tau_{2j}(t)$ 为时变时滞。有关系统式（7.1）的初始条件假设如下：

$$\begin{cases} u_{1i}(s) = \phi_{u1i}(s), t \in [-\bar{\tau}_1, 0], i = 1,2,\cdots,n \\ u_{2j}(s) = \phi_{u2j}(t), t \in [-\bar{\tau}_2, 0], j = 1,2,\cdots,m \end{cases}$$

假设 7.1　在系统式（7.1），神经元激活函数 $\tilde{f}_{1j}(\cdot)$ 和 $\tilde{f}_{2i}(\cdot)$ 有界，且存在正数 $l_j^{(1)} > 0$ 和 $l_i^{(2)} > 0$ 满足：

$$|\tilde{f}_{1j}(\xi_1) - \tilde{f}_{1j}(\xi_2)| \leq l_j^{(1)} |\xi_1 - \xi_2|,$$

$$|\tilde{f}_{2i}(\xi_1) - \tilde{f}_{2i}(\xi_2)| \leq l_i^{(2)} |\xi_1 - \xi_2|,$$

$$\forall \xi_1, \xi_2 \in R, \quad i = 1,2,\cdots,n, j = 1,2,\cdots,m$$

按照通常做法，假设 $u_1^* = (u_{11}^*, u_{12}^*, \cdots, u_{1n}^*)^T, u_2^* = (u_{21}^*, u_{22}^*, \cdots, u_{2m}^*)^T$ 是系统式（7.1）的平衡点。为了简化证明过程，通过变换

$$x_{1i}(t) = u_{1i}(t) - u_{1i}^*, x_{2j}(t) = u_{2j}(t) - u_{2j}^*,$$

$$f_{2i}(x_{1i}(t)) = \tilde{f}_{2i}(x_{1i}(t) + u_{1i}^*) - \tilde{f}_{2i}(u_{1i}^*),$$

$$f_{1j}(u_{2j}(t)) = \tilde{f}_{1j}(u_{2j}(t) + u_{2j}^*) - \tilde{f}_{1j}(u_{2j}^*)$$

转移系统式（7.1）的平衡点到新系统的原点，得到以下系统模型：

$$\begin{cases} \dot{x}_{1i}(t) = -a_{1i}x_{1i}(t) + \sum_{j=1}^{m} w_{1ji}f_{1j}(x_{2j}(t - \tau_{2j}(t))), \quad i = 1,2,\cdots,n \\ \dot{x}_{2j}(t) = -a_{2j}x_{2j}(t) + \sum_{i=1}^{n} w_{2ij}f_{2i}(x_{1i}(t - \tau_{1i}(t))), \quad j = 1,2,\cdots,m \end{cases}$$

$$(7.2)$$

将式（7.2）改写为矩阵形式，则有：

$$\begin{cases} \dot{x}_1(t) = -A_1 x_1(t) + W_1 f_1(x_2(t-\tau_2(t))) \\ \dot{x}_2(t) = -A_2 x_2(t) + W_2 f_2(x_1(t-\tau_1(t))) \end{cases} \quad (7.3)$$

其中，

$$x_1(t) = (x_{11}(t), x_{12}(t), \cdots, x_{1n}(t))^T,$$

$$x_2(t) = (x_{21}(t), x_{22}(t), \cdots, x_{2m}(t))^T,$$

$$A_1 = diag\{a_{11}, a_{12}, \cdots, a_{1n}\},$$

$$A_2 = diag\{a_{21}, a_{22}, \cdots, a_{2m}\},$$

$$W_1 = [(w_{1ji})_{m \times n}]^T, W_2 = [(w_{2ij})_{n \times m}]^T,$$

$$f_1(x_2) = (f_{11}(x_2), f_{12}(x_2), \cdots f_{1m}(x_2))^T,$$

$$f_2(x_1) = (f_{21}(x_1), f_{22}(x_1), \cdots f_{2n}(x_1))^T,$$

$$\tau_1(t) = (\tau_{11}(t), x_{12}(t), \cdots, \tau_{1n}(t))^T,$$

$$\tau_2(t) = (\tau_{21}(t), \tau_{22}(t), \cdots, \tau_{2m}(t))^T$$

显然，神经元激活函数具有如下性质：

$$\begin{cases} f_1^T(x_2(t)) f_1(x_2(t)) \leqslant x_2^T(t) L_1^T L_1 x_2(t) \\ f_2^T(x_1(t)) f_2(x_1(t)) \leqslant x_1^T(t) L_2^T L_2 x_1(t) \end{cases} \quad (7.4)$$

其中，$L_1 = diag\{l_1^{(1)}, l_2^{(1)}, \cdots, l_m^{(1)}\}$，$L_2 = diag\{l_1^{(2)}, l_2^{(2)}, \cdots, l_n^{(2)}\}$

接下来，将考虑如下具有区间时滞和随机干扰的 BAM 神经网络模型：

$$\begin{cases} dx_1(t) = [-A_1 x_1(t) + W_1 f_1(x_2(t-\tau_2(t)))]dt \\ \qquad\qquad + [C_1 x_1(t) + D_1 x_2(t-\tau_2(t))]d\omega(t) \\ dx_2(t) = [-A_2 x_2(t) + W_2 f_2(x_1(t-\tau_1(t)))]dt \\ \qquad\qquad + [C_2 x_2(t) + D_2 x_1(t-\tau_1(t))]d\omega(t) \end{cases} \quad (7.5)$$

其中 $\omega(t) = (\omega_1(t), \omega_2(t), \cdots, \omega_l(t))^T$ 是一个定义在完备概率空间（Ω，

$\mathcal{F}, \{\mathcal{F}_t\}_{t \geqslant 0}, \mathcal{P})$ 上的布朗运动。

假设 7.2　时滞 $\tau_1(t)$ 和 $\tau_2(t)$ 满足：

$$0 \leqslant \underline{\tau}_1 \leqslant \tau_1(t) \leqslant \overline{\tau}_1, \quad 0 \leqslant \underline{\tau}_2 \leqslant \tau_2(t) \leqslant \overline{\tau}_2 \tag{7.6}$$

$$\dot{\tau}_1(t) \leqslant \mu_1, \quad \dot{\tau}_2(t) \leqslant \mu_2 \tag{7.7}$$

其中 $0 \leqslant \underline{\tau}_1 < \overline{\tau}_1$，$0 \leqslant \underline{\tau}_2 < \overline{\tau}_2$，$\mu_1$ 和 μ_2 为正常量。

引理 7.1　对于任意适当维数常数矩阵 D 和 N，矩阵 $F(t)$ 满足 $F^T(t)F(t) \leqslant I$，有：

(1) 对任意常数 $\varepsilon > 0$，$DF(t)N + N^T F^T(t)D^T \leqslant \varepsilon^{-1}DD^T + \varepsilon N^T N$；

(2) 对任意常数 $P > 0$，$2a^T b \leqslant a^T P^{-1}a + b^T Pb$。

引理 7.2[214]　随机微分方程的平凡解

$$\mathrm{d}(x(t), y(t), t) = G(x(t), y(t), t)\mathrm{d}t + H(x(t), y(t), t)\mathrm{d}\omega(t), t \in [t_0, T]$$

有：$x(t) = \phi_x(t), t \in [-\tau, 0], y(t) = \phi_y(t), t \in [-\rho, 0]$，$G:R_+ \times R^n \times R^n \to R^n$ 和 $H:R_+ \times R^n \times R^n \to R^{n \times m}$ 在概率上是全局渐近稳定的，假如存在函数 $V(x(t), y(t), t) \in R_+ \times R^n \times R^n$ 在李雅普诺夫意义上是正定的并且满足

$$\mathcal{L}V(x(t), y(t), t) = \frac{\partial V}{\mathrm{d}t} + grad(V)G + \frac{1}{2}trace(HH^T)\mathrm{Hess}(V)$$

$$< 0$$

矩阵 $\mathrm{Hess}(V)$ 表示海塞（Hessian）矩阵的二阶偏导数。

引理 7.3（舒尔补充条件）　给定常量对称矩阵 $\sum_1, \sum_2$ 与 $\sum_3$，其中

$\sum_1 = \sum_1^T$ 且 $0 < \sum_2 = \sum_2^T$，不等式 $\sum_1 + \sum_3^T \sum_2^{-1} \sum_3 < 0$ 成立，当且仅当

$$\begin{bmatrix} \sum_1 & \sum_3^T \\ \sum_3 & -\sum_2 \end{bmatrix} < 0, \quad \text{或} \quad \begin{bmatrix} -\sum_2 & \sum_3 \\ \sum_3^T & \sum_1 \end{bmatrix} < 0 \text{。}$$

7.3 全局渐近稳定性

为了便于证明，记

$$g_1(t) = -(A_1 + \Delta A_1)x_1(t) + (W_1 + \Delta W_1)f_1(x_2(t - \tau_2(t)))$$

$$g_2(t) = -(A_2 + \Delta A_2)x_2(t) + (W_2 + \Delta W_2)f_2(x_1(t - \tau_1(t)))$$

$$g_3(t) = (C_1 + \Delta C_1)x_1(t) + (D_1 + \Delta D_1)x_2(t - \tau_2(t))$$

$$g_4(t) = (C_2 + \Delta C_2)x_2(t) + (D_2 + \Delta D_2)x_1(t - \tau_1(t))$$

则系统式（7.1）被记为：

$$\begin{cases} dx_1(t) = g_1(t)dt + g_3(t)d\omega(t) \\ dx_2(t) = g_2(t)dt + g_4(t)d\omega(t) \end{cases} \tag{7.8}$$

定理 7.1 对于给定的正常数 $0 \leqslant \underline{\tau}_1 < \overline{\tau}_1$，$0 \leqslant \underline{\tau}_2 < \overline{\tau}_2$，$\mu_1$ 和 μ_2，系统式（7.5）在均方意义下是全局渐近稳定的，如果存在矩阵，$P_i > 0$，$Q_i \geqslant 0$，$R_i \geqslant 0$，$T_i \geqslant 0$，$i = 1, 2$，$Z_j > 0$，$j = 1, 2, \cdots, 8$，$N_j^{(i)}$，$M_j^{(i)}$，$S_j^{(i)}$，$j = 1, 2$，$i = 1, 2$，和两个正常量 α_1，α_2，使得以下式（7.9）成立：

$$\Xi = \begin{bmatrix} \Xi_0 & \Xi_1 & \Xi_2 & \Xi_3 & \Xi_4 \\ * & -\Xi_{11} & 0 & 0 & 0 \\ * & * & -\Xi_{22} & 0 & 0 \\ * & * & * & -\Xi_{33} & 0 \\ * & * & * & * & -\Xi_{44} \end{bmatrix} < 0 \tag{7.9}$$

其中，

$$\Xi_0 = \begin{bmatrix} \Upsilon_1 & \Upsilon_2^T U_1 & \Upsilon_3^T U_2 & \Upsilon_4^T U_3 & \Upsilon_5^T U_4 \\ * & -U_1 & 0 & 0 & 0 \\ * & * & -U_2 & 0 & 0 \\ * & * & * & -U_3 & 0 \\ * & * & * & * & -U_4 \end{bmatrix},$$

$$\Xi_i = \begin{bmatrix} \bar{\tau}_i N_1^{(i)} & h_i M_1^{(i)} & h_i S_1^{(i)} \\ \bar{\tau}_i N_2^{(i)} & h_i M_2^{(i)} & h_i S_2^{(i)} \\ 0 & 0 & 0 \\ \vdots & \vdots & \vdots \\ 0 & 0 & 0 \end{bmatrix}, \quad \Xi_{2+i} = \begin{bmatrix} N_1^{(i)} & M_1^{(i)} & S_1^{(i)} \\ N_2^{(i)} & M_2^{(i)} & S_2^{(i)} \\ 0 & 0 & 0 \\ \vdots & \vdots & \vdots \\ 0 & 0 & 0 \end{bmatrix},$$

$$\Upsilon_1 = \begin{bmatrix} \sum_1 & 0 & \sum_5 & 0 & 0 & P_1 W_1 & M_1^{(1)} & -S_1^{(1)} & 0 & 0 \\ * & \sum_2 & 0 & \sum_6 & P_2 W_2 & 0 & 0 & 0 & M_1^{(2)} & -S_1^{(2)} \\ * & * & \sum_3 & 0 & 0 & 0 & M_2^{(1)} & -S_2^{(1)} & 0 & 0 \\ * & * & * & \sum_4 & 0 & 0 & 0 & 0 & M_2^{(2)} & -S_2^{(2)} \\ * & * & * & * & -\alpha_1 I & 0 & 0 & 0 & 0 & 0 \\ * & * & * & * & * & -\alpha_2 I & 0 & 0 & 0 & 0 \\ * & * & * & * & * & * & -Q_1 & 0 & 0 & 0 \\ * & * & * & * & * & * & * & -R_1 & 0 & 0 \\ * & * & * & * & * & * & * & * & -Q_2 & 0 \\ * & * & * & * & * & * & * & * & * & -R_2 \end{bmatrix},$$

$$\Upsilon_2 = \begin{bmatrix} -A_1 & 0 & 0 & 0 & 0 & W_1 & 0 & 0 & 0 & 0 \end{bmatrix},$$

$$\Upsilon_3 = \begin{bmatrix} 0 & -A_2 & 0 & 0 & W_2 & 0 & 0 & 0 & 0 & 0 \end{bmatrix},$$

$$\Upsilon_4 = \begin{bmatrix} C_1 & 0 & 0 & D_1 & 0 & 0 & 0 & 0 & 0 & 0 \end{bmatrix},$$

$$\Upsilon_5 = \begin{bmatrix} 0 & C_2 & D_2 & 0 & 0 & 0 & 0 & 0 & 0 & 0 \end{bmatrix},$$

$$U_1 = \bar{\tau}_1 Z_1 + h_1 Z_3, \quad U_2 = \bar{\tau}_2 Z_2 + h_2 Z_4, \quad U_3 = P_1 + \bar{\tau}_1 Z_5 + h_1 Z_7,$$

$$U_4 = P_2 + \bar{\tau}_2 Z_6 + h_2 Z_8, \quad \Xi_{11} = diag\{\bar{\tau}_1 Z_1, h_1 Z_3, h_1(Z_1 + Z_3)\},$$

$$\Xi_{22} = diag\{\bar{\tau}_2 Z_2, h_2 Z_4, h_2(Z_2 + Z_4)\}$$

$$\Xi_{33} = diag\{Z_5, Z_7, Z_5 + Z_7\}, \quad \Xi_{44} = diag\{Z_6, Z_8, Z_6 + Z_8\},$$

$$\sum{}_i = -P_i A_i - A_i^T P_i + Q_i + R_i + T_i + N_1^{(i)} + (N_1^{(i)})^T,$$

$$\sum{}_{2+i} = -(1 - \mu_i)T_i + S_2^{(i)} + (S_2^{(i)})^T - N_2^{(i)} - (N_2^{(i)})^T - M_2^{(i)}$$

$$\qquad - (M_2^{(i)})^T + \alpha_i L_{3-i}^T L_{3-i},$$

$$\sum{}_{4+i} = S_1^{(i)} - N_1^{(i)} - M_1^{(i)} + (N_2^{(i)})^T, \quad h_i = \bar{\tau}_i - \underline{\tau}_i, i = 1, 2$$

证明：构造如下李雅普诺夫 – 克拉索夫斯基泛函：

$$
\begin{cases}
V(x_1(t), x_2(t)) = \sum\limits_{i=1}^{2} \big[V_1(x_1(t), x_2(t)) + V_2(x_1(t), x_2(t)) \\
\qquad\qquad + V_3(x_1(t), x_2(t)) \big] \\[2mm]
V_1(x_1(t), x_2(t)) = x_i^T(t) P_i x_i(t) \\[2mm]
V_2(x_1(t), x_2(t)) = \int_{t-\underline{\tau}_i}^{t} x_i^T(s) Q_i x_i(s) \mathrm{d}s + \int_{t-\bar{\tau}_i}^{t} x_i^T(s) R_i x_i(s) \mathrm{d}s \\[2mm]
\qquad\qquad + \int_{t-\tau_i(t)}^{t} x_i^T(s) T_i x_i(s) \mathrm{d}s \\[2mm]
V_3(x_1(t), x_2(t)) = \int_{-\bar{\tau}_i}^{0} \int_{t+\theta}^{t} g_i^T(s) Z_i g_i(s) \mathrm{d}s \mathrm{d}\theta \\[2mm]
\qquad\qquad + \int_{-\bar{\tau}_i}^{-\underline{\tau}_i} \int_{t+\theta}^{t} g_i^T(s) Z_{2+i} g_i(s) \mathrm{d}s \mathrm{d}\theta \\[2mm]
\qquad\qquad + \int_{-\bar{\tau}_i}^{0} \int_{t+\theta}^{t} g_{2+i}^T(s) Z_{4+i} g_{2+i}(s) \mathrm{d}s \mathrm{d}\theta \\[2mm]
\qquad\qquad + \int_{-\bar{\tau}_i}^{-\underline{\tau}_i} \int_{t+\theta}^{t} g_{2+i}^T(s) Z_{6+i} g_{2+i}(s) \mathrm{d}s \mathrm{d}\theta
\end{cases}
\tag{7.10}
$$

由牛顿 – 莱布尼茨公式可知，对于任意具有适当维数的矩阵 $N_j^{(i)}$，$M_j^{(i)}$，

$S_j^{(i)}$，$i=1$，2，$j=1$，2，以下等式成立：

$$0 = 2\left[x_i^T(t)N_1^{(i)} + x_i^T(t-\tau_i(t))N_2^{(i)}\right]$$
$$\times \left[x_i(t) - x_i(t-\tau_i(t)) - \int_{t-\tau_i(t)}^t g_i(s)\,ds - \int_{t-\tau_i(t)}^t g_{2+i}(s)\,d\omega(s)\right] \tag{7.11}$$

$$0 = 2\left[x_i^T(t)M_1^{(i)} + x_i^T(t-\tau_i(t))M_2^{(i)}\right]$$
$$\times \left[x_i(t-\underline{\tau}_i) - x_i(t-\tau_i(t)) - \int_{t-\tau_i(t)}^{t-\underline{\tau}_i} g_i(s)\,ds - \int_{t-\tau_i(t)}^{t-\underline{\tau}_i} g_{2+i}(s)\,d\omega(s)\right] \tag{7.12}$$

$$0 = 2\left[x_i^T(t)S_1^{(i)} + x_i^T(t-\tau_i(t))S_2^{(i)}\right]$$
$$\times \left[x_i(t-\tau_i(t)) - x_i(t-\bar{\tau}_i) - \int_{t-\bar{\tau}_i}^{t-\tau_i(t)} g_i(s)\,ds - \int_{t-\bar{\tau}_i}^{t-\tau_i(t)} g_{2+i}(s)\,d\omega(s)\right] \tag{7.13}$$

应用引理7.1 的 (2)，对任意矩阵 $Z_j \geq 0$，$j=1$，2，$\cdots$，8，下列不等式成立：

$$-2\xi^T(t)N^{(i)}\int_{t-\tau_i(t)}^t g_i(s)\,ds \leq \bar{\tau}_i\xi^T(t)N^{(i)}Z_i^{-1}(N^{(i)})^T\xi(t)$$
$$+ \int_{t-\tau_i(t)}^t g_i^T(s)Z_ig_i(s)\,ds \tag{7.14}$$

$$-2\xi^T(t)M^{(i)}\int_{t-\tau_i(t)}^{t-\underline{\tau}_i} g_i(s)\,ds \leq h_i\xi^T(t)M^{(i)}Z_{2+i}^{-1}(M^{(i)})^T\xi(t)$$
$$+ \int_{t-\tau_i(t)}^{t-\underline{\tau}_i} g_i^T(s)Z_{2+i}g_i(s)\,ds \tag{7.15}$$

$$-2\xi^T(t)S^{(i)}\int_{t-\bar{\tau}_i}^{t-\tau_i(t)} g_i(s)\,ds \leq h_i\xi^T(t)S^{(i)}(Z_i+Z_{2+i})^{-1}(S^{(i)})^T\xi(t)$$
$$+ \int_{t-\bar{\tau}_i}^{t-\tau_i(t)} g_i^T(s)(Z_i+Z_{2+i})g_i(s)\,ds \tag{7.16}$$

$$-2\xi^T(t)N^{(i)}\int_{t-\tau_i(t)}^t g_{2+i}(s)\,d\omega(s) \leq \xi^T(t)N^{(i)}Z_{4+i}^{-1}(N^{(i)})^T\xi(t)$$
$$+ \int_{t-\tau_i(t)}^t g_{2+i}^T(s)\,d\omega(s)Z_{4+i}$$
$$\times \int_{t-\tau_i(t)}^t g_{2+i}(s)\,d\omega(s) \tag{7.17}$$

$$-2\xi^T(t)M^{(i)}\int_{t-\tau_i(t)}^{t-\tau_i}g_{2+i}(s)\,\mathrm{d}\omega(s)\,\mathrm{d}s \leqslant \xi^T(t)M^{(i)}Z_{6+i}^{-1}(M^{(i)})^T\xi(t)$$

$$+\int_{t-\tau_i(t)}^{t-\tau_i}g_{2+i}^T(s)\,\mathrm{d}\omega(s)Z_{6+i}$$

$$\times\int_{t-\tau_i(t)}^{t-\tau_i}g_{2+i}(s)\,\mathrm{d}\omega(s) \qquad (7.18)$$

$$-2\xi^T(t)S^{(i)}\int_{t-\bar{\tau}_i}^{t-\tau_i(t)}g_{2+i}(s)\,\mathrm{d}\omega(s) \leqslant \xi^T(t)S^{(i)}(Z_{4+i}+Z_{6+i})^{-1}(S^{(i)})^T\xi(t)$$

$$+\int_{t-\bar{\tau}_i}^{t-\tau_i(t)}g_{2+i}^T(s)\,\mathrm{d}\omega(s)(Z_{4+i}+Z_{6+i})$$

$$\times\int_{t-\bar{\tau}_i}^{t-\tau_i(t)}g_{2+i}(s)\,\mathrm{d}\omega(s) \qquad (7.19)$$

其中:

$$N^{(i)} = \begin{bmatrix} (N_1^{(i)})^T & (N_2^{(i)})^T & 0 & 0 & 0 & 0 & 0 & 0 & 0 & 0 \end{bmatrix}^T$$

$$M^{(i)} = \begin{bmatrix} (M_1^{(i)})^T & (M_2^{(i)})^T & 0 & 0 & 0 & 0 & 0 & 0 & 0 & 0 \end{bmatrix}^T$$

$$S^{(i)} = \begin{bmatrix} (S_1^{(i)})^T & (S_2^{(i)})^T & 0 & 0 & 0 & 0 & 0 & 0 & 0 & 0 \end{bmatrix}^T$$

由式 (7.4) 有:

$$f_i^T(x_{3-i}(t-\tau_{3-i}(t)))f_i(x_{3-i}(t-\tau_{3-i}(t)))$$

$$\leqslant x_{3-i}^T(t-\tau_{3-i}(t))\times L_i^T L_i x_{3-i}(t-\tau_{3-i}(t)), \quad i=1,2 \quad (7.20)$$

沿着系统式 (7.5) 解的轨迹，对 $\mathcal{L}V$ 求时间的导数:

$$\mathcal{L}V(x_1(t),x_2(t)) = \sum_{i=1}^{2}\big[\,\mathcal{L}V_1(x_1(t),x_2(t)) + \mathcal{L}V_2(x_1(t),x_2(t))$$

$$+ \mathcal{L}V_3(x_1(t),x_2(t))\,\big]$$

$$\mathcal{L}V_1(x_1(t),x_2(t)) = 2x_i^T(t)P_i\big[-A_ix_i(t) + Wf_i(x_{3-i}(t-\tau_{3-i}(t)))\big]$$

$$+ g_{2+i}^T(t)P_ig_{2+i}(t) \qquad (7.21)$$

$$\mathcal{L}V_2(x_1(t),x_2(t)) \leqslant x_i^T(t)(Q_i+R_i)x_i(t) - x_i^T(t-\underline{\tau}_i)Q_ix_i(t-\underline{\tau}_i)$$

$$- x_i^T(t-\bar{\tau}_i)R_ix_i(t-\bar{\tau}_i) + x_i^T(t)T_ix_i(t)$$

$$- (1-\mu_i)x_i^T(t-\tau_i(t))T_ix_i(t-\tau_i(t)) \qquad (7.22)$$

$$\mathcal{L}V_3(x_1(t),x_2(t)) = g_i^T(t)(\bar{\tau}_i Z_i + h_i Z_{2+i})g_i(t) - \int_{t-\bar{\tau}_i}^t g_i^T(s)Z_i g_i(s)\mathrm{d}s$$

$$- \int_{t-\bar{\tau}_i}^{t-\tau_i} g_i^T(s)Z_{2+i}g_i(s)\mathrm{d}s + g_{2+i}^T(t)(\bar{\tau}_i Z_{4+i} + h_i Z_{6+i})g_{2+i}(t)$$

$$- \int_{t-\bar{\tau}_i}^t g_{2+i}^T(s)Z_{4+i}g_{2+i}(s)\mathrm{d}s - \int_{t-\bar{\tau}_i}^{t-\tau_i} g_{2+i}^T(s)Z_{6+i}g_{2+i}(s)\mathrm{d}s$$

$$= g_i^T(t)(\bar{\tau}_i Z_i + h_i Z_{2+i})g_i(t) + g_{2+i}^T(t)(\bar{\tau}_i Z_{4+i} + h_i Z_{6+i})g_{2+i}(t)$$

$$- \int_{t-\tau_i(t)}^t g_i^T(s)Z_i g_i(s)\mathrm{d}s - \int_{t-\tau_i(t)}^{t-\tau_i} g_i^T(s)Z_{2+i}g_i(s)\mathrm{d}s$$

$$- \int_{t-\bar{\tau}_i}^{t-\tau_i(t)} g_i^T(s)(Z_i + Z_{2+i})g_i(s)\mathrm{d}s$$

$$- \int_{t-\tau_i(t)}^t g_{2+i}^T(s)Z_{4+i}g_{2+i}(s)\mathrm{d}s$$

$$- \int_{t-\tau_i(t)}^{t-\tau_i} g_{2+i}^T(s)Z_{6+i}g_{2+i}(s)\mathrm{d}s$$

$$- \int_{t-\bar{\tau}_i}^{t-\tau_i(t)} g_{2+i}^T(s)(Z_{4+i} + Z_{6+i})g_{2+i}(s)\mathrm{d}s \qquad (7.23)$$

联立式（7.11）~式（7.23），可得：

$$\mathcal{L}V(x_1(t),x_2(t)) \leqslant \xi^T(t)\{\Upsilon_1 + \Upsilon_2^T U_1 \Upsilon_2 + \Upsilon_3^T U_2 \Upsilon_3 + \Upsilon_4^T U_3 \Upsilon_4 + \Upsilon_5^T U_4 \Upsilon_5$$

$$+ \sum_{i=1}^2 \left[\bar{\tau}_i N^{(i)} Z_i^{-1} (N^{(i)})^T + h_i M^{(i)} Z_{2+i}^{-1} (M^{(i)})^T \right.$$

$$+ h_i S^{(i)} (Z_i + Z_{2+i})^{-1} (S^{(i)})^T N^{(i)} Z_{4+i}^{-1} (N^{(i)})^T$$

$$\left. + M^{(i)} Z_{6+i}^{-1} (M^{(i)})^T + S^{(i)} (Z_{4+i} + Z_{6+i})^{-1} (S^{(i)})^T \right]\}\xi(t)$$

$$+ \int_{t-\tau_i(t)}^t g_{2+i}^T(s)\mathrm{d}\omega(s)Z_{4+i}\int_{t-\tau_i(t)}^t g_{2+i}(s)\mathrm{d}\omega(s)$$

$$+ \int_{t-\tau_i(t)}^{t-\tau_i} g_{2+i}^T(s)\mathrm{d}\omega(s)Z_{6+i}\int_{t-\tau_i(t)}^{t-\tau_i} g_{2+i}(s)\mathrm{d}\omega(s)$$

$$+ \int_{t-\bar{\tau}_i}^{t-\tau_i(t)} g_{2+i}^T(s)\mathrm{d}\omega(s)(Z_{4+i} + Z_{6+i})\int_{t-\bar{\tau}_i}^{t-\tau_i(t)} g_{2+i}(s)\mathrm{d}\omega(s)$$

$$- \int_{t-\tau_i(t)}^t g_{2+i}^T(s)Z_{4+i}g_{2+i}(s)\mathrm{d}s - \int_{t-\tau_i(t)}^{t-\tau_i} g_{2+i}^T(s)Z_{6+i}g_{2+i}(s)\mathrm{d}s$$

$$- \int_{t-\bar{\tau}_i}^{t-\tau_i(t)} g_{2+i}^T(s)(Z_{4+i} + Z_{6+i})g_{2+i}(s)\mathrm{d}s \qquad (7.24)$$

其中：

$$\xi(t) = [\, x_1^T(t) \quad x_2^T(t) \quad x_1^T(t-\tau_1(t)) \quad x_2^T(t-\tau_2(t))$$
$$f_2^T(x_1(t-\tau_1(t))) \quad f_1^T(x_2(t-\tau_2(t))) \quad x_1^T(t-\underline{\tau}_1)$$
$$x_1^T(t-\overline{\tau}_1) \quad x_2^T(t-\underline{\tau}_2) \quad x_2^T(t-\overline{\tau}_2)\,]^T$$

由于

$$\mathrm{E}\left\{\int_{t-\tau_i(t)}^t g_{2+i}^T(s)\mathrm{d}\omega(s) Z_{4+i}\int_{t-\tau_i(t)}^t g_{2+i}(s)\mathrm{d}\omega(s)\right\}$$

$$= \mathrm{E}\left\{\int_{t-\tau_i(t)}^t g_{2+i}^T(s) Z_{4+i} g_{2+i}(s)\mathrm{d}s\right\}$$

$$\mathrm{E}\left\{\int_{t-\tau_i(t)}^{t-\underline{\tau}_i} g_{2+i}^T(s)\mathrm{d}\omega(s) Z_{6+i}\int_{t-\tau_i(t)}^{t-\underline{\tau}_i} g_{2+i}(s)\mathrm{d}\omega(s)\right\}$$

$$= \mathrm{E}\left(\int_{t-\tau_i(t)}^{t-\underline{\tau}_i} g_{2+i}^T(s) Z_{6+i} g_{2+i}(s)\mathrm{d}s\right)$$

$$\mathrm{E}\left\{\int_{t-\overline{\tau}_i}^{t-\tau_i(t)} g_{2+i}^T(s)\mathrm{d}\omega(s)(Z_{4+i}+Z_{6+i})\int_{t-\overline{\tau}_i}^{t-\tau_i(t)} g_{2+i}(s)\mathrm{d}\omega(s)\right\}$$

$$= \mathrm{E}\left\{\int_{t-\overline{\tau}_i}^{t-\tau_i(t)} g_{2+i}^T(s)(Z_{4+i}+Z_{6+i}) g_{2+i}(s)\mathrm{d}s\right\}$$

则有

$$\Xi = \Upsilon_1 + \Upsilon_2^T U_1 \Upsilon_2 + \Upsilon_3^T U_2 \Upsilon_3 + \Upsilon_4^T U_3 \Upsilon_4 + \Upsilon_5^T U_4 \Upsilon_5 + \sum_{i=1}^2 \left[\,\overline{\tau}_i N^{(i)} Z_i^{-1} (N^{(i)})^T \right.$$
$$+ h_i M^{(i)} Z_{2+i}^{-1} (M^{(i)})^T + h_i S^{(i)} (Z_i+Z_{2+i})^{-1} (S^{(i)})^T + N^{(i)} Z_{4+i}^{-1} (N^{(i)})^T$$
$$\left. + M^{(i)} Z_{6+i}^{-1} (M^{(i)})^T + S^{(i)} (Z_{4+i}+Z_{6+i})^{-1} (S^{(i)})^T\,\right] < 0$$

对所有 $x_1(t), x_2(t)(x_1(t) = x_2(t) = 0$ 除外)，有

$$\mathrm{E}[\mathrm{d}V(x_1(t), x_2(t))] = \mathrm{E}[\mathcal{L}V(x_1(t), x_2(t))\mathrm{d}t] < 0 \qquad (7.25)$$

其中 E 为数学期望算子。由引理 7.3（舒尔补充条件），式（7.25）等价于 $\Xi < 0$。那么，由李雅普诺夫稳定性定理可知，系统式（7.5）均方意义下是全局渐近稳定的。定理 7.1 证明完毕。

7.4　仿真算例

本节将用一个仿真算例说明所得结论的有效性。

例 7.1　考虑具有区间时滞和随机干扰 BAM 神经网络模型系统式(7.5)，其参数为

$$A_1 = \begin{bmatrix} 1.2 & 0 \\ 0.1 & 1 \end{bmatrix}, \quad W_1 = \begin{bmatrix} 1.1 & 0.2 \\ 0.1 & 0.1 \end{bmatrix}, \quad C_1 = \begin{bmatrix} 0.2 & 0 \\ 0 & 0.1 \end{bmatrix},$$

$$D_1 = \begin{bmatrix} 0.3 & 0 \\ 0 & 0.2 \end{bmatrix}, \quad A_2 = \begin{bmatrix} 0.8 & 0.2 \\ 0 & 1 \end{bmatrix}, \quad W_2 = \begin{bmatrix} 0.3 & 0.2 \\ 0.1 & 0.1 \end{bmatrix},$$

$$C_2 = \begin{bmatrix} 0.1 & 0 \\ 0 & 0.1 \end{bmatrix}, \quad D_2 = \begin{bmatrix} 0.1 & 0 \\ 0 & 0.1 \end{bmatrix}$$

激活函数为 $f_i(x) = \frac{1}{2}(|x+1| - |x-1|), i = 1,2$；时滞为 $\tau_1(t) = 0.8 + 0.8\sin^2(t)$，$\tau_2(t) = 0.6 + 0.4\sin^2(t)$。

那么，显然对任意 i 和 j，有 $l_i = l_j = 1$，即 $L_1 = L_2 = I$。同时 $\bar{\tau}_1 = 1.6$，$\underline{\tau}_1 = 0.8$，$\bar{\tau}_2 = 1.0$，$\underline{\tau}_2 = 0.6$，$\mu_1 = 0.8$，$\mu_2 = 0.4$。

应用定理 7.1，通过 LMI 工具箱求解定理 7.1 中的式（7.9），容易判定系统式（7.5）在均方意义下是全局渐近稳定的。所得的可行解如下：

$$P_1 = \begin{bmatrix} 1.1886 & -0.0918 \\ -0.0918 & 2.2512 \end{bmatrix}, \quad P_2 = \begin{bmatrix} 2.9766 & -0.3644 \\ -0.3644 & 2.6715 \end{bmatrix},$$

$$R_1 = \begin{bmatrix} 0.5371 & -0.0224 \\ -0.0224 & 0.9286 \end{bmatrix}, \quad R_2 = \begin{bmatrix} 0.6688 & -0.0414 \\ -0.0414 & 0.8966 \end{bmatrix},$$

$$T_1 = \begin{bmatrix} 0.2294 & -0.0282 \\ -0.0282 & 0.8068 \end{bmatrix}, \quad T_2 = \begin{bmatrix} 0.7179 & -0.0797 \\ -0.0797 & 1.1559 \end{bmatrix},$$

$$Z_1 = \begin{bmatrix} 0.2735 & -0.0112 \\ -0.0112 & 0.4375 \end{bmatrix}, \quad Z_2 = \begin{bmatrix} 0.8053 & -0.0427 \\ -0.0427 & 0.6306 \end{bmatrix},$$

$$Z_3 = \begin{bmatrix} 0.4686 & -0.0179 \\ -0.0179 & 0.7126 \end{bmatrix}, \quad Z_4 = \begin{bmatrix} 1.3416 & -0.0423 \\ -0.0423 & 1.1560 \end{bmatrix},$$

$$\alpha_1 = 0.6267, \quad \alpha_2 = 1.3079$$

$$N_2^{(1)} = \begin{bmatrix} -0.0545 & -0.0022 \\ -0.0015 & -0.0400 \end{bmatrix}, \quad N_2^{(2)} = \begin{bmatrix} -0.0545 & -0.0022 \\ -0.0015 & -0.0400 \end{bmatrix},$$

$$M_2^{(1)} = \begin{bmatrix} 0.0999 & 0.0016 \\ 0.0010 & 0.0701 \end{bmatrix}, \quad M_2^{(2)} = \begin{bmatrix} 0.0059 & -0.0001 \\ -0.0004 & 0.0053 \end{bmatrix},$$

$$S_2^{(1)} = \begin{bmatrix} -0.0403 & 0.0022 \\ -0.0003 & -0.0547 \end{bmatrix}, \quad S_2^{(2)} = \begin{bmatrix} -0.3117 & 0.0018 \\ 0.0106 & -0.3366 \end{bmatrix},$$

$$N_2^{(1)} = \begin{bmatrix} -0.0545 & -0.0022 \\ -0.0015 & -0.0400 \end{bmatrix}, \quad N_2^{(2)} = \begin{bmatrix} -0.0545 & -0.0022 \\ -0.0015 & -0.0400 \end{bmatrix},$$

$$M_2^{(1)} = \begin{bmatrix} 0.0999 & 0.0016 \\ 0.0010 & 0.0701 \end{bmatrix}, \quad M_2^{(2)} = \begin{bmatrix} 0.0059 & -0.0001 \\ -0.0004 & 0.0053 \end{bmatrix},$$

$$S_2^{(1)} = \begin{bmatrix} -0.0403 & 0.0022 \\ -0.0003 & -0.0547 \end{bmatrix}, \quad S_2^{(2)} = \begin{bmatrix} -0.3117 & 0.0018 \\ 0.0106 & -0.3366 \end{bmatrix}$$

7.5　本章小结

本章得到了一个有关具有区间时滞和随机干扰的 BAM 神经网络的全局渐近稳定性的新结果。通过应用随机分析和自由权值矩阵方法,构造合适的李雅普诺夫 - 克拉索夫斯基泛函并考虑时滞区间,得到了新的稳定性判定准则,用以保证时滞 BAM 神经网络在均方意义下是全局渐近稳定的。与现有大部分已发表的文献中的 BAM 神经网络的均方稳定性充分条件不同的是,得到的稳定性判定准则已经去除了时变时滞的导数上界必须小于 1 和下界必须小于 0 这一限制,其适用范围更广。最后,一个仿真算例验证了结论的有效性。

第8章

不确定离散时滞中立神经网络鲁棒稳定性

本章针对一类具有离散时滞和参数范数有界的不确定性中立神经网络的全局渐近鲁棒稳定性问题，通过应用范数和矩阵不等式分析方法，构造合适的李雅普诺夫 – 克拉索夫斯基泛函，得到新的与时滞无关的稳定性充分条件。该条件能够保证离散时滞中立神经网络在平衡点全局渐近鲁棒稳定。与现有文献中大多数 LMI 形式的稳定性准则不同，该稳定性判定准则中未知参数少且计算复杂度低，易于计算验证。

8.1 引　　言

近年来，各种类型的神经网络已经广泛应用于许多实际工程问题，如信号与图像处理、模式识别、联想记忆、并行计算和优化与控制等。在这些应用中，神经网络的动力学行为是非常重要的。众所周知，许多实际系统的数学模型中均含有时滞的现象，如在模拟神经网络电路实现中，由于运放器的开关速度限制会产生时滞，神经网络中的轴突信号传输延迟也会产生时滞。当在模型中引入时滞后，它将影响轴突信号传输率下降，进而导致失稳。因此，在神经网络的稳定性分析中时滞是不可或缺的。已有研究中，已经有很多利用各种分析和不等式方法，研究了不同类型的神经网络，得到了一些时滞神经网络的稳定性结果[212,215,216]。事实上，为了精确描述神经网络的平衡和稳定属性，将神经网络中神经元前一个状态的时间导数信息引入神经网络的状态方程，即中立神经网络，这种神经网络的稳定性研究已经有许多的结果，包括离散时滞、分布时滞以及变时滞[217-220]。

另外，在很多实际的系统中，如在物理电路和生物系统中，随机干扰在动力系统中起着非常重要的作用。那么由于随机因素客观存在于实际过程中，确定性系统建模只能描述实际过程动态特性的某种近似。显而易见，利用确定性系统理论的系统建模方法对某些系统实行的描述常常会严重背离所期望的效果。为了抵消这些不确定因素的影响，必须将系统描述为不确定系统。

本章将在利普希茨连续的激活函数条件下，研究参数范数有界不确定的离散时滞中立神经网络的鲁棒稳定性问题。应用范数分析方法，构造合适的李雅普诺夫－克拉索夫斯基泛函并考虑参数范数有界不确定，研究新的稳定性判定准则，用以保证离散时滞中立神经网络在平衡点是全局渐近鲁棒稳定的。与现有文献中稳定性准则绝大多数使用 LMI 形式相比，本章的准则未知参数少且计算复杂度低，更加易于验证。

8.2　系统模型及引理

考虑以下一类具有离散时滞的中立神经网络模型：

$$\dot{x}_i(t) + \sum_{j=1}^{n} e_{ij}\dot{x}_j(t-\tau_j) = -c_i x_i(t) + \sum_{j=1}^{n} a_{ij}f_j(x_j(t))$$
$$+ \sum_{j=1}^{n} b_{ij}f_j(x_j(t-\tau_j)) + u_i, \quad i=1,2,\cdots,n$$

$$(8.1)$$

其中 n 是神经元数目，x_i 是第 i 个神经元状态；参数 c_i 为常数；a_{ij} 表示神经网络中神经元之间的互连权值；τ_j 为时滞；b_{ij} 表示在具有时滞 τ_j 的情况下神经元之间的互连权值；e_{ij} 表示时滞状态的时间导数的系数；$f_j(\cdot)$ 表示神经元的激活函数；常数 u_i 表示外部输入。在系统式（8.1）中，$\tau_j \geqslant 0$ 表示时滞参数 τ 满足 $\tau = \max(\tau_j)$，$1 \leqslant j \leqslant n$。系统式（8.1）的初始条件为：$x_i(t) = \phi_i(t) \in \mathbb{C}([-\tau,0], \Re)$，其中 $\mathbb{C}([-\tau,0], \Re)$ 表示从 $[-\tau,0]$ 到 $\Re$ 的连续函数集。

假设 8.1　考虑系统模型参数的不确定性，假设系统式（8.1）中 c_i，a_{ij}，b_{ij}，e_{ij} 和 τ_j 是范数有界且满足

$$
\begin{cases}
C_I: = \{C = diag(c_i):0 < \underline{C} \leqslant C \leqslant \overline{C}, i.e., 0 < \underline{c}_i \leqslant c_i \leqslant \overline{c}_i, \\
\qquad i = 1,2,\cdots,n, \forall C \in C_I\} \\
A_I: = \{A = diag(a_{ij}):0 < \underline{A} \leqslant A \leqslant \overline{A}, i.e., 0 < \underline{a}_{ij} \leqslant a_{ij} \leqslant \overline{a}_{ij}, \\
\qquad i = 1,2,\cdots,n; j = 1,2,\cdots,m, \forall A \in A_I\} \\
B_I: = \{B = diag(b_{ij}):0 < \underline{B} \leqslant B \leqslant \overline{B}, i.e., 0 < \underline{b}_{ij} \leqslant b_{ij} \leqslant \overline{b}_{ij}, \\
\qquad i = 1,2,\cdots,n; j = 1,2,\cdots,m, \forall B \in B_I\} \\
E_I: = \{E = diag(e_{ij}):0 < \underline{E} \leqslant E \leqslant \overline{E}, i.e., 0 < \underline{e}_{ij} \leqslant e_{ij} \leqslant \overline{e}_{ij}, \\
\qquad i = 1,2,\cdots,n; j = 1,2,\cdots,m, \forall E \in E_I\} \\
\tau_I: = \{\tau = \tau_j : \underline{\tau} \leqslant \tau \leqslant \overline{\tau}, i.e., \underline{\tau}_j \leqslant \tau_j \leqslant \overline{\tau}_j, \\
\qquad j = 1,2,\cdots,m, \forall \tau \in \tau_I\}
\end{cases}
$$

$$(8.2)$$

假设 8.2　系统式（8.1）中的激活函数 $f_j(\cdot)$，$i = 1,2,\cdots,n$ 是利普希茨连续，即存在 $l_i > 0$ 使得

$$
|f_i(x) - f_i(y)| \leqslant \ell_i |x - y|, \quad i = 1,2,\cdots,n, \forall x,y \in \Re, x \neq y
$$

$$(8.3)$$

接下来，系统模型式（8.1）写成矩阵向量形式：

$$\dot{x}(t) + E\dot{x}(t-\tau) = -Cx(t) + Af(x(t)) + Bf(x(t-\tau)) + u \quad (8.4)$$

其中，$x(t) = (x_1(t), x_2(t), \cdots, x_n(t))^T \in \Re^n, A = (a_{ij})_{n \times n}, B = (b_{ij})_{n \times n}, E = (e_{ij})_{n \times n}, C = diag(c_i > 0), u = (u_1, u_2, \cdots, u_n)^T, f(x(t)) = (f_1(x_1(t)), f_2(x_2(t)), \cdots, f_n(x_n(t)))^T, f(x(t-\tau)) = (f_1(x_1(t-\tau_1)), f_2(x_2(t-\tau_2)), \cdots, f_n(x_n(t-\tau_n)))^T$

为了求得结果，将使用下列1个事实和4个引理。

事实 8.1 如果 $W = (W_{ij})$ 和 $V = (V_{ij})$ 满足式（8.2）且范数有界，则存在正常数 $\sigma(W)$ 和 $\sigma(V)$ 使得 $\|W\|_2 \leqslant \sigma(W)$ 和 $\|V\|_2 \leqslant \sigma(V)$。

引理 8.1 对 $W \in W_I := \{W = (w_{ij}): \underline{W} \leqslant W \leqslant \overline{W}, i.e., \underline{w}_{ij} \leqslant w_{ij} \leqslant \overline{w}_{ij}, i,j = 1,2,\cdots,n\}$，下列不等式成立：

$$\sigma_1(W) = \sqrt{\||W^{*T}W^*| + 2|W^{*T}|W_* + W_*^T W_*\|_2}$$

其中 $W^* = \frac{1}{2}(\overline{W} + \underline{W}), \quad W_* = \frac{1}{2}(\overline{W} - \underline{W})$。

引理 8.2 对 $W \in W_I := \{W = (w_{ij}): \underline{W} \leqslant W \leqslant \overline{W}, i.e., \underline{w}_{ij} \leqslant w_{ij} \leqslant \overline{w}_{ij}, i,j = 1,2,\cdots,n\}$，下列不等式成立：

$$\sigma_2(W) = \|W^*\|_2 + \|W_*\|_2$$

其中 $W^* = \frac{1}{2}(\overline{W} + \underline{W}), \quad W_* = \frac{1}{2}(\overline{W} - \underline{W})$。

引理 8.3 对 $W \in W_I := \{W = (w_{ij}): \underline{W} \leqslant W \leqslant \overline{W}, i.e., \underline{w}_{ij} \leqslant w_{ij} \leqslant \overline{w}_{ij}, i,j = 1,2,\cdots,n\}$，下列不等式成立：

$$\sigma_3(W) = \sqrt{\|W^*\|_2^2 + \|W_*\|_2^2 + 2\|W_*^T|W^*|\|_2}$$

其中 $W^* = \frac{1}{2}(\overline{W} + \underline{W}), \quad W_* = \frac{1}{2}(\overline{W} - \underline{W})$。

引理 8.4 对 $W \in W_I := \{W = (w_{ij}): \underline{W} \leqslant W \leqslant \overline{W}, i.e., \underline{w}_{ij} \leqslant w_{ij} \leqslant \overline{w}_{ij}, i,j = 1,2,\cdots,n\}$，下列不等式成立：

$$\sigma_4(W) = \|\hat{W}\|_2$$

其中 $\hat{W} = (\hat{w}_{ij})_{n \times n}, \hat{w}_{ij} = \max\{|\underline{w}_{ij}|, |\overline{w}_{ij}|\}$。

8.3　稳定性分析

为了简化证明过程，通过变换 $z(t) = x(t) - x^*$，转移中立神经网络式 (8.1) 的平衡点到新系统的原点，得到以下系统模型：

$$\dot{z}_i(t) + \sum_{j=1}^{n} e_{ij}\dot{z}_j(t - \tau_j) = -c_i z_i(t) + \sum_{j=1}^{n} a_{ij} f_j(z_j(t))$$
$$+ \sum_{j=1}^{n} b_{ij} f_j(z_j(t - \tau_j)), \quad i = 1, \cdots, n \quad (8.5)$$

写成矩阵向量形式：

$$\dot{z}(t) + E\dot{z}(t - \tau) = -Cz(t) + Ag(z(t)) + Bg(z(t - \tau)) \quad (8.6)$$

其中 $z(t) = (z_1(t), z_2(t), \cdots, z_n(t))^T \in \Re^n$ 是转换后神经网络的状态向量，$g(z(t)) = g_1(z_1(t)), g_2(z_2(t)), \cdots, g_n(z_n(t)))^T$ 和表示新的非线性激活函数。式 (8.5) 中的激活函数 $g_i(z_i(t))$ 满足

$$|g_i(z_i)| \leq \ell_i |z_i(t)|, \quad i = 1, 2, \cdots, n \quad (8.7)$$

以下将导出主要的稳定性结果。

定理8.1　对于中立神经网络式 (8.5)，让 $\|E\|_2 < 1$ 和激活函数满足式 (8.7)。如果存在正定对角矩阵 H, D 及正定矩阵 P, Q, R，使得下式成立，那么系统式 (8.5) 的原点是全局渐近鲁棒稳定的：

$$\begin{cases} \Upsilon_1 = \|\underline{C}\|_2 - \|P\|_2 - \|Q\|_2 - \|H\|_2 - \sigma^2(C)\|R^{-1}\|_2 > 0 \\ \Upsilon_2 = \|\underline{C}\|_2 - \|\mathcal{L}^{-2}\|_2 - \|D\|_2 - \sigma^2(A)\|P^{-1}\|_2 - \sigma^2(A)\|R^{-1}\|_2 > 0 \\ \Upsilon_3 = \|D\|_2 - \sigma^2(B)\|Q^{-1}\|_2 - \sigma^2(B)\|R^{-1}\|_2 > 0 \\ \Upsilon_4 = \|H\|_2 - 3\sigma^2(E)\|R\|_2 > 0 \end{cases}$$

$$(8.8)$$

其中：

$$\mathcal{L} = diag(\ell_1, \ell_2, \cdots, \ell_n)$$

$$\sigma(A) = \min\left\{ \sqrt{\left\| \left| A^{*T}A^* \right| + 2 \left| A^{*T} \right| A_* + A_*^T A_* \right\|_2}, \right.$$

$$\left. \|A^*\|_2 + \|A_*\|_2, \sqrt{\|A^*\|_2^2 + \|A_*\|_2^2 + 2 \left\| A_*^T \left| A^* \right| \right\|_2}, \|\hat{A}\|_2 \right\}$$

$$\sigma(B) = \min\left\{ \sqrt{\left\| \left| B^{*T}B^* \right| + 2 \left| B^{*T} \right| B_* + B_*^T B_* \right\|_2}, \right.$$

$$\left. \|B^*\|_2 + \|B_*\|_2, \sqrt{\|B^*\|_2^2 + \|B_*\|_2^2 + 2 \left\| B_*^T \left| B^* \right| \right\|_2}, \|\hat{B}\|_2 \right\}$$

$$\sigma(C) = \min\left\{ \sqrt{\left\| \left| C^{*T}C^* \right| + 2 \left| C^{*T} \right| C_* + C_*^T C_* \right\|_2}, \right.$$

$$\left. \|C^*\|_2 + \|C_*\|_2, \sqrt{\|C^*\|_2^2 + \|C_*\|_2^2 + 2 \left\| C_*^T \left| C^* \right| \right\|_2}, \|\hat{C}\|_2 \right\}$$

$$\sigma(E) = \min\left\{ \sqrt{\left\| \left| E^{*T}E^* \right| + 2 \left| E^{*T} \right| E_* + E_*^T E_* \right\|_2}, \right.$$

$$\left. \|E^*\|_2 + \|E_*\|_2, \sqrt{\|E^*\|_2^2 + \|E_*\|_2^2 + 2 \left\| E_*^T \left| E^* \right| \right\|_2}, \|\hat{E}\|_2 \right\}$$

$$A^* = \frac{1}{2}(\bar{A} + \underline{A}), \quad A_* = \frac{1}{2}(\bar{A} - \underline{A})$$

$$B^* = \frac{1}{2}(\bar{B} + \underline{B}), \quad B_* = \frac{1}{2}(\bar{B} - \underline{B})$$

$$C^* = \frac{1}{2}(\bar{C} + \underline{C}), \quad C_* = \frac{1}{2}(\bar{C} - \underline{C})$$

$$E^* = \frac{1}{2}(\bar{E} + \underline{E}), \quad E_* = \frac{1}{2}(\bar{E} - \underline{E})$$

证明：构造如下李雅普诺夫 – 克拉索夫斯基泛函：

$$V(z(t)) = (z(t) + Ez(t - \tau))^T (z(t) + Ez(t - \tau))$$

$$+ \sum_{i=1}^{n} h_i \int_{t-\tau_i}^{t} z_i^2(s)\,\mathrm{d}s + \sum_{i=1}^{n} d_i \int_{t-\tau_i}^{t} g_i^2(z_i(s))\,\mathrm{d}s \quad (8.9)$$

其中 h_i 和 d_i, $i = 1, 2, \cdots, n$ 是正常数。

沿着系统式（8.5）解的轨迹，对 $V(z(t))$ 求时间的导数：

$$\dot{V}(z(t)) = 2(z(t) + Ez(t - \tau))^T (\dot{z}(t) + E\dot{z}(t - \tau))$$

$$+ \sum_{i=1}^{n} h_i z_i^2(t) - \sum_{i=1}^{n} h_i z_i^2(t - \tau_i)$$

$$+ \sum_{i=1}^{n} d_i g_i^2(z_i(t)) - \sum_{i=1}^{n} d_i g_i^2(z_i(t - \tau_i))$$

$$= 2(z(t) + Ez(t - \tau))^T (\dot{z}(t) + E\dot{z}(t - \tau))$$

$$+ z^T(t) Hz(t) - z^T(t - \tau) Hz(t - \tau)$$

$$+ g^T(z(t)) Dg(z(t)) - g^T(z(t - \tau)) Dg(z(t - \tau))$$

$$\tag{8.10}$$

由于 $\dot{z}(t) + E\dot{z}(t - \tau) = -Cz(t) + Ag(z(t)) + Bg(z(t - \tau))$，则有

$$\dot{V}(z(t)) = 2(z(t) + Ez(t - \tau))^T (-Cz(t) + Ag(z(t)) + Bg(z(t - \tau)))$$

$$+ z^T(t) Hz(t) - z^T(t - \tau) Hz(t - \tau)$$

$$+ g^T(z(t)) Dg(z(t)) - g^T(z(t - \tau)) Dg(z(t - \tau))$$

$$= 2z^T(t) Cz(t) + 2z^T(t) Ag(z(t)) + 2z^T(t) Bg(z(t - \tau))$$

$$- 2z^T(t - \tau) E^T Cz(t) + 2z^T(t - \tau) E^T Ag(z(t))$$

$$+ 2z^T(t - \tau) E^T Bg(z(t - \tau))$$

$$+ z^T(t) Hz(t) - z^T(t - \tau) Hz(t - \tau)$$

$$+ g^T(z(t)) Dg(z(t)) - g^T(z(t - \tau)) Dg(z(t - \tau)) \tag{8.11}$$

另有下列不等式：

$$2z^T(t) Ag(z(t)) \leqslant z^T(t) Pz(t) + g^T(z(t)) A^T P^{-1} Ag(z(t))$$

$$\leqslant \|P\|_2 \|z(t)\|_2^2 + \|A\|_2^2 \|P^{-1}\|_2 \|g(z(t))\|_2^2 \tag{8.12}$$

$$2z^T(t) Bg(z(t - \tau)) \leqslant z^T(t) Qz(t) + g^T(z(t - \tau)) B^T Q^{-1} Bg(z(t - \tau))$$

$$\leqslant \|Q\|_2 \|z(t)\|_2^2 + \|B\|_2^2 \|Q^{-1}\|_2 \|g(z(t - \tau))\|_2^2$$

$$\tag{8.13}$$

$$-2z^T(t - \tau) E^T Cz(t) \leqslant z^T(t - \tau) E^T REz(t - \tau) + z^T(t) C^T R^{-1} Cz(t)$$

$$\leqslant \|E\|_2^2 \|R\|_2 \|z(t - \tau)\|_2^2 + \|C\|_2^2 \|R^{-1}\|_2 \|z(t)\|_2^2$$

$$\tag{8.14}$$

$$2z^T(t - \tau) E^T Ag(z(t)) \leqslant z^T(t - \tau) E^T REz(t - \tau) + g^T(z(t)) A^T R^{-1} Ag(z(t))$$

$$\leqslant \|E\|_2^2 \|R\|_2 \|z(t - \tau)\|_2^2 + \|A\|_2^2 \|R^{-1}\|_2 \|g(z(t))\|_2^2$$

$$\tag{8.15}$$

$$2z^T(t-\tau)E^TBg(z(t-\tau)) \leqslant z^T(t-\tau)E^TREz(t-\tau)+g^T(z(t-\tau))B^TR^{-1}Bg(z(t-\tau))$$

$$\leqslant \|E\|_2^2\|R\|_2\|z(t-\tau)\|_2^2 + \|B\|_2^2\|R^{-1}\|_2\|g(z(t-\tau))\|_2^2$$

$$(8.16)$$

其中 P，Q，R 是正定矩阵。

根据式（8.7）有

$$z^T(t)\underline{C}z(t) \geqslant g^T(z(t))\underline{C}\mathcal{L}^{-2}g(z(t)) \tag{8.17}$$

将式（8.12）~式（8.17）代入式（8.11），可得：

$$\begin{aligned}
\dot{V}(z(t)) \leqslant &-z^T(t)\underline{C}z(t) - g^T(z(t))\underline{C}\mathcal{L}^{-2}g(z(t)) \\
&+ \|P\|_2\|z(t)\|_2^2 + \|A\|_2^2\|P^{-1}\|_2\|g(z(t))\|_2^2 \\
&+ \|Q\|_2\|z(t)\|_2^2 + \|B\|_2^2\|Q^{-1}\|_2\|g(z(t-\tau))\|_2^2 \\
&+ \|E\|_2^2\|R\|_2\|z(t-\tau)\|_2^2 + \|C\|_2^2\|R^{-1}\|_2\|z(t)\|_2^2, \\
&+ \|E\|_2^2\|R\|_2\|z(t-\tau)\|_2^2 + \|A\|_2^2\|R^{-1}\|_2\|g(z(t))\|_2^2 \\
&+ \|E\|_2^2\|R\|_2\|z(t-\tau)\|_2^2 + \|B\|_2^2\|R^{-1}\|_2\|g(z(t-\tau))\|_2^2 \\
&+ \|H\|_2\|z(t)\|_2^2 - z^T(t-\tau)Hz(t-\tau) \\
&+ \|D\|_2\|g(z(t))\|_2^2 - g^T(z(t-\tau))Dg(z(t-\gamma)) \tag{8.18}
\end{aligned}$$

由事实8.1和引理8.1~引理8.4，$\|A\|_2 \leqslant \sigma(A)$，$\|B\|_2 \leqslant \sigma(B)$，$\|C\|_2 \leqslant \sigma(C)$，$\|E\|_2 \leqslant \sigma(E)$，则有

$$\begin{aligned}
\dot{V}(z(t)) \leqslant &-z^T(t)\underline{C}z(t) - g^T(z(t))\underline{C}\mathcal{L}^{-2}g(z(t)) \\
&+ \|P\|_2\|z(t)\|_2^2 + \sigma^2(A)\|P^{-1}\|_2\|g(z(t))\|_2^2 \\
&+ \|Q\|_2\|z(t)\|_2^2 + \sigma^2(B)\|Q^{-1}\|_2\|g(z(t-\tau))\|_2^2 \\
&+ \sigma^2(E)\|R\|_2\|z(t-\tau)\|_2^2 + \sigma^2(C)\|R^{-1}\|_2\|z(t)\|_2^2, \\
&+ \sigma^2(E)\|R\|_2\|z(t-\tau)\|_2^2 + \sigma^2(A)\|R^{-1}\|_2\|g(z(t))\|_2^2 \\
&+ \sigma^2(E)\|R\|_2\|z(t-\tau)\|_2^2 + \sigma^2(B)\|R^{-1}\|_2\|g(z(t-\tau))\|_2^2 \\
&+ \|H\|_2\|z(t)\|_2^2 - z^T(t-\tau)Hz(t-\tau)
\end{aligned}$$

$$+ \|D\|_2 \|g(z(t))\|_2^2 - g^T(z(t-\tau)) Dg(z(t-\tau)) \qquad (8.19)$$

即：

$$\begin{aligned}
\dot{V}(z(t)) \leqslant &- (\|\underline{C}\|_2 - \|P\|_2 - \|Q\|_2 - \|H\|_2 - \sigma^2(C)\|R^{-1}\|_2)\|z(t)\|_2^2 \\
&- (\|\underline{C}\|_2 \|\mathcal{L}^{-2}\|_2 - \|D\|_2 - \sigma^2(A)\|P^{-1}\|_2 - \sigma^2(A)\|R^{-1}\|_2)\|g(z(t))\|_2^2 \\
&- (\|D\|_2 - \sigma^2(B)\|Q^{-1}\|_2 - \sigma^2(B)\|R^{-1}\|_2)\|g(z(t-\tau))\|_2^2 \\
&- (\|H\|_2 - 3\sigma^2(E)\|R\|_2)\|z(t-\tau)\|_2^2 \qquad (8.20)
\end{aligned}$$

可化简为：

$$\begin{aligned}
\dot{V}(z(t)) = &- \Upsilon_1 \|z(t)\|_2^2 - \Upsilon_2 \|g(z(t))\|_2^2 - \Upsilon_3 \|g(z(t-\tau))\|_2^2 \\
&- \Upsilon_4 \|z(t-\tau)\|_2^2 \qquad (8.21)
\end{aligned}$$

显然，如果 $z(t), g(z(t-\tau)), g^T(z(t))$ 和 $z(t-\tau)$ 中任意一个向量非零，则 $\Upsilon_1 > 0, \Upsilon_2 > 0, \Upsilon_3 > 0$ 和 $\Upsilon_4 > 0$，就能保证 $\dot{V}(z(t)) < 0$。当且仅当在系统式（8.5）的原点有 $z(t) = z(t-\tau) = g(z(t-\tau)) = g(z(t)) = 0$，则 $\dot{V}(z(t)) = 0$。另外，$V(z(t)) \to \infty \ as \ \|z(t)\|_2 \to \infty$ 意味着用于稳定性分析的李雅普诺夫泛函是径向无界的。因此，可以从标准的李雅普诺夫稳定性理论得出结论：系统式（8.5）的原点 [等价于系统式（8.1）的平衡点] 是全局渐近鲁棒稳定的。定理 8.1 证明完毕。

选择定理 8.1 中的 H，D，P，Q 和 R，令 $H = hI$，$D = dI$，$P = pI$，$Q = qI$ 和 $R = rI$，我们能得到以下推论 8.1。

推论 8.1　对于中立神经网络式（8.5），让 $\|E\|_2 < 1$ 和激活函数满足式（8.7）。如果存在正常数 h，d，p，q 及 r，使得下式成立，那么系统式（8.5）的原点是全局渐近鲁棒稳定的：

$$\begin{cases}
\Upsilon_1^* = \|\underline{C}\|_2 - (p + q + h) - \sigma^2(C)\dfrac{1}{r} \geqslant 0 \\[2mm]
\Upsilon_2^* = \|\underline{C}\|_2 \|\mathcal{L}^{-2}\|_2 - d - \sigma^2(A)\dfrac{1}{p} - \sigma^2(A)\dfrac{1}{r} \geqslant 0 \\[2mm]
\Upsilon_3^* = d - \sigma^2(B)\dfrac{1}{q} - \sigma^2(B)\dfrac{1}{r} \geqslant 0 \\[2mm]
\Upsilon_4^* = h - 3\sigma^2(E)r \geqslant 0
\end{cases} \qquad (8.22)$$

其中 $\mathcal{L} = diag(\ell_1, \ell_2, \cdots, \ell_n)$。

8.4　仿真示例

本节将用一个仿真算例说明所得结论的有效性。

例8.1　考虑具有离散时滞和范数有界不确定性的中立神经网络模型系统式（8.5），其参数为

$$\underline{A} = \underline{B} = \begin{bmatrix} 3\chi & 4\chi \\ -7\chi & 2\chi \end{bmatrix}, \quad \bar{A} = \bar{B} = \begin{bmatrix} 5\chi & 6\chi \\ -5\chi & 6\chi \end{bmatrix},$$

$$\underline{C} = C = \bar{C} = \begin{bmatrix} 2 & 0 \\ 0 & 2 \end{bmatrix}, \quad \mathcal{L} = \begin{bmatrix} 1 & 0 \\ 0 & 1 \end{bmatrix}$$

其中 $\chi > 0$ 是一个实数。

计算矩阵 A^*，A_*，B^* 和 B_*，有

$$A^* = B^* = \begin{bmatrix} 4\chi & 5\chi \\ -6\chi & 4\chi \end{bmatrix}, \quad A_* = B_* = \begin{bmatrix} \chi & \chi \\ \chi & 2\chi \end{bmatrix}$$

那么，有

$$\sigma_1^2(A^*) = \| |A^{*T}A^*| + 2|A^{*T}|A_* + A_*^T A_* \|_2 = 105.3505\chi^2$$

$$\sigma_2^2(A) = (\|A^*\|_2 + \|A_*\|_2)^2 = 98.3826\chi^2$$

$$\sigma_3^2(A) = \|A^*\|_2^2 + \|A_*\|_2^2 + 2\|A_*^T|A^*|\|_2 = 95.4366\chi^2$$

$$\sigma_4^2(A) = \|\hat{A}\|_2^2 = 145.0074\chi^2$$

因为 $\sigma(A) = \min\{\sigma_1(A), \sigma_2(A), \sigma_3(A), \sigma_4(A)\}$，可得 $\sigma^2(A) = 95.4366\chi^2$。同理，计算得 $\sigma^2(B) = 95.4366\chi^2$，$\sigma^2(C) = 4$。

　　由推论8.1，令 $\|E\|_2$，r，h 为极小值，$d = 1$，$p = q$，则有

$$\begin{cases} \Upsilon_1^* \cong 2 - 2p \geqslant 0 \\ \Upsilon_2^* \cong 2 - 1 - \sigma^2(A)\dfrac{1}{p} \geqslant 0 \\ \Upsilon_3^* \cong 1 - \sigma^2(B)\dfrac{1}{p} \geqslant 0 \\ \Upsilon_4^* \cong h - \sigma^2(E)r \geqslant 0 \end{cases}$$

联立上述 4 项必要条件，可得 $95.4366\chi^2 \leqslant 1$，即 $\chi \leqslant 0.1024$。因此，根据推论 8.1，如果选择 $\chi \leqslant 0.1024$，推论 8.1 中的稳定性条件就能满足，那么就能判定系统式（8.5）的平衡点是全局渐近鲁棒稳定的。

接下来，考虑本例中的一种特殊情况，将给出可视化的模拟结果。令 $\chi = 0.08$（满足 $\chi \leqslant 0.1024$），则有

$$A = B = \begin{bmatrix} 0.24 & 0.32 \\ -0.56 & 0.16 \end{bmatrix}, \quad C = \begin{bmatrix} 2 & 0 \\ 0 & 2 \end{bmatrix}$$

选择

$$\begin{pmatrix} \tau_{11} = 0.2, \tau_{12} = 0.3 \\ \tau_{21} = 0.4, \tau_{22} = 0.6 \end{pmatrix}, \quad E = \begin{bmatrix} 0.0001 & 0.0002 \\ 0.0002 & 0.0001 \end{bmatrix}$$

经过模拟，结果如图 8.1 所示，可以看出系统式（8.5）经过一段时间后收

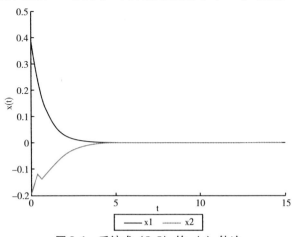

图 8.1　系统式（8.5）的 $x(t)$ 轨迹

注：图中初始状态为 $x(0) = \begin{bmatrix} 0.4 & -0.2 \end{bmatrix}$，激活函数为 $f(x(t)) = \tanh(x(t))$。

敛于平衡点。

8.5 本章小结

本章得到了一个有关具有离散时滞和参数范数有界的不确定性中立神经网络的全局渐近鲁棒稳定性的新结果。通过将神经网络模型中的参数不确定性转化为范数有界问题，并利用矩阵不等式分析方法，构造合适的李雅普诺夫－克拉索夫斯基泛函，得到了新的与时滞无关的稳定性判定准则，能够保证该类离散时滞中立神经网络在平衡点全局渐近鲁棒稳定。与现有文献中大多数 LMI 形式的稳定性准则不同，该稳定性判定准则中未知参数少且计算复杂度低，易于计算验证。本章还用一个数值仿真算例验证了稳定性判定准则的有效性。在后续的研究工作中，将进一步研究具有变时滞的范数有界不确定神经网络的全局渐近鲁棒稳定性问题。

第 *9* 章

总结与展望

9.1 总　　结

时滞神经网络是高度复杂的大规模的非线性动力学系统，具有丰富的动力学行为。本书对几类时滞随机神经网络的全局渐近稳定性和全局鲁棒稳定性进行了深入研究，其中包括：不确定随机神经网络与时滞区间相关的全局鲁棒稳定性条件；带区间时变时滞的不确定随机神经网络的全局鲁棒稳定性；具有区间时变时滞与分布时滞的不确定随机神经网络的均方稳定性；不确定时滞随机 BAM 神经网络的均方稳定性；以及时滞随机中立神经网络的全局渐近稳定性条件等方面的研究。

本书首先通过构造恰当的李雅普诺夫 – 克拉索夫斯基泛函和引入合适的随机分析方法，研究了一类不确定随机神经网络与时滞区间相关的全局鲁棒稳定性问题，以及一类带区间时变时滞的不确定随机神经网络的全局渐近鲁棒稳定性问题，得到了一些在均方意义下保证带区间时变时滞的不确定随机时滞神经网络全局鲁棒稳定的充分条件，相关实验已经证明这些稳定性充分条件比已有一些理论结果具有较少的保守性。

其次，本书通过随机分析方法并引入自由权值矩阵方法，研究了三方面的问题：一是一类带区间时变时滞与分布时滞的不确定随机神经网络的全局渐近鲁棒稳定性问题，二是一类带有区间时滞和随机干扰的不确定双向联想记忆神经网络在均方意义下的全局渐近鲁棒稳定性问题，三是几类带时变时滞的随机中立神经网络在均方意义下的全局渐近稳定性问题。上述研究均通过构造适当的李雅普诺夫－克拉索夫斯基泛函来进行，得到了一些新的、具有较少保守性的稳定性判定准则，用以保证时滞随机神经网络在均方意义下是全局渐近稳定的。

9.2 研究展望

时滞神经网络作为时滞动力系统的一个重要组成部分，具有十分丰富的动力学行为。该领域从 20 世纪 90 年代起一直发展很快，近几年来每年都有大量的论文发表，报道了许多新的、重要的结果，这也是该领域能够长时间吸引国内外众多学者投入其中的一个主要原因。

近年来，人工神经网络正向模拟人类认知的道路上更加深入地发展，与模糊系统、遗传算法、进化机制等结合，形成计算智能，成为人工智能的一个重要方向，将在实际应用中扮演越来越重要的角色。毫无疑问，人工神经网络动力学这一重要分支的研究也必然成为研究热点。人工神经网络的动力学研究既有利于探索生物神经网络的机理，也有利于拓展人工神经网络模型的应用。此外，人工神经网络的动力学研究绝不是单纯的数学问题，需要紧密结合其生物学研究的最新成果以及工程实际应用来进行。

本书只是对时滞神经网络中的某些稳定性问题进行了一些讨论，而且仅就本书所涉及的问题而言仍然有很大的继续研究的空间，笔者将继续对这些问题进行深入细致的研究。展望未来，笔者将从自身兴趣和能力出发，选择以下内容作为今后一段时间内的研究重点：

（1）本书所研究的时滞神经网络的稳定性，其激活函数大都要求符合利普希茨条件，对于实际工程中遇到的大量具有非利普希茨条件激活函数的神经网络的稳定性问题还需进一步地探讨，这是未来神经网络稳定性一个待研究的课题。

（2）进一步研究随机泛函微分系统和中立型随机泛函微分系统的渐近行为，给出更一般的理论结果。

（3）进一步研究其他类型的神经网络的动力学行为，例如模糊神经网络、脉冲神经网络以及混杂开关神经网络等。

（4）进一步研究其他类型的非线性系统的动力学行为，例如基因调控网络等。

参 考 文 献

[1] B. Kosko. Adaptive bi-directional associative memories [J]. Applied Optics, 1987 (26): 4947 – 4960.

[2] B. Kosko. Bi-directional associative memories [J]. IEEE Trans. Systems, Man and Cybernetics, 1988 (18): 49 – 60.

[3] B. Kosko. Unsupervised learning in noise [J]. IEEE Trans. Neural Networks, 1990 (1): 44 – 57.

[4] B. Kosko. Structural stability of unsupervised learning in feedback neural networks [J]. IEEE Trans. Automatic Control, 1991 (36): 785 – 790.

[5] B. Kosko. Neural networks and fuzzy systems-a dynamical system approach to machine intelligence [M]. Prentice-Hall: Englewood Cliffs, NJ, 1992.

[6] C. Mathai, B. C. Upadhyaya. Performance analysis and application of the bi-directional associative memory to industrial spectral signatures [C]. International Joint Conference on Neural Networks, 1989 (1): 33 – 37.

[7] I. Elsen, K. F. Kraiaiss, D. Krumbiegel. Pixel based 3D object recognition with bi-directional associative memory [C]. International Conference on Neural Networks, 1997 (3): 1679 – 1684.

[8] B. Maundy, E. I. EI-Masry. A switched capacitor bi-directional associative memory [J]. IEEE Trans. Circuits and Systems I, 1990, 37 (12): 1568 – 1572.

[9] S. M. R. Hasan, N. K. Siong. A VLSI BAM neural network chip for pattern recognition application [C]. IEEE International Conference on Neural

Networks, 1995 (1): 164 – 168.

[10] Y. S. Xia, J. Wang. Global exponential stability of recurrent neural networks for solving optimization and related problems [J]. IEEE Trans. Neural Networks, 2000, 11 (4): 1017 – 1022.

[11] D. G. Chen, R. R. Mohler. Neural-network-based load modeling and its use in voltage stability analysis [J]. IEEE Trans. Control Systems Technology, 2003, 11 (4): 460 – 470.

[12] M. Zeidenberg. Neural networks in artificial intelligence [M]. Ellis Horwood Limited, 1990.

[13] M. T. Hagan, H. B. Demuth, M. Beale. Neural network design [M]. PWS Publishing Co. Boston, MA, USA, 1997.

[14] W. S. McCulloch, W. Pitts. A logical calculus of the ideas immanent in nervous activity [J]. Bulletin of Mathematical Biology, 1943, 5 (4): 115 – 133.

[15] D. O. Hebb. The organization of behaviour [M]. Wiley, New York, USA, 1949.

[16] F. Rosenblatt. The perception: a probabilistic model for information storage and organization in the brain [J]. Psychological Review, 1958, 65 (6): 386 – 408.

[17] B. Windrow, M. E. Hoff. Adaptive switching circuits [J]. IRE Wecon Vertion Record, 1960, 4: 96 – 104.

[18] M. L. Minsky, S. A. Papert. Perceptrons: expanded edition [M]. MIT Press Cambridge, MA, USA, 1988.

[19] S. Grossberg. Adaptive pattern classification and universal recording [J]. Biological Cybernetics, 1976, 23 (3): 121 – 134.

[20] T. Kohonen. Self-organization and associative memory [M]. Spring-Verlag, Berlin, Germany 1984.

[21] K. Fukushima. Neocognitron: a self-organizing neural network model

for a mechanism of pattern recognition unaffected by shift in position [J]. Biological Cybernetics, 1980, 36 (4): 193 – 202.

[22] P. Werbos. Beyond regression: new tools for prediction and analysis in the behavioral sciences [D]. PhD Dissertation, Harvard University, 1974.

[23] J. J. Hopfield. Neuronal networks and physical systems with emergent collective computational abilities [J]. Proceedings of the National Academy of Sciences, 1982, 79 (8): 2554 – 2558.

[24] J. J. Hopfield, D. W. Tank. Neural computation of decisions in optimization problems [J]. Biological Cybernetics, 1985, 52 (3): 141 – 152.

[25] D. W. Tank, J. J. Hopfield. Simple neural optimization network: an A/A converter, signal decision circuit, and a linear programming circuit [J]. IEEE Trans. Circuits and Systems I, 1986, 33 (5): 533 – 541.

[26] L. O. Chua, L. Yang. Cellular neural networks: theory and applications [J]. IEEE Trans. Circuits and Systems I, 1988, 35 (10): 1257 – 1290.

[27] T. Roska, L. O. Chua. Cellular neural networks with nonlinear and delay-type template [J]. International Journal of Circuit Theory and Applications, 1992, 20 (5): 469 – 481.

[28] D. H. Ackley, D. E. Hinton, T. J. Sejnowski. A learning algorithm for Boltzmann machines [J]. Cognitive Science, 1985, 9 (1): 147 – 169.

[29] D. E. Rumelhart, J. L. McClelland. Parallel distributed processing: explorations in macrostrcture of cognition [M]. MA: MIT Press, Cambridge, 1986.

[30] S. Grossberg. Nonlinear neural networks: principles, mechanisms, and architectures [J]. Neural Networks, 1988, 1 (1): 17 – 61.

[31] M. A. Cohen, S. Grossberg. Absolute stability and global pattern formation and parallel memory storage by competitive neural networks [J]. IEEE Trans. Systems, Man, and Cybernetics, 1983, 13 (5): 815 – 826.

[32] P. J. Werbos. Chaotic solitons and the foundations of physics: a potential revolution [J]. Applied Mathematics and Computation, 1993, 56 (2 –

3）：289 – 339.

［33］ Paul J. Werbos. Chaotic solitons in conservative systems：can they exist?［J］. Chaos, Solitons and Fractals, 1993, 3（3）：321 – 326.

［34］ 廖晓昕. 细胞神经网络的数学理论（Ⅰ）［J］. 中国科学（A辑），1994, 24（9）：902 – 910.

［35］ 廖晓昕. 细胞神经网络的数学理论（Ⅱ）［J］. 中国科学（A辑），1994, 24（10）：1037 – 1046.

［36］ S. Amari. Information geometry of the EM and EM algorithm for neural network［J］. Neural Networks, 1995, 8（9）：1379 – 1408.

［37］ Y. Kuang. Delay differential equations with applications in population dynamics［M］. Academic Press, Boston, 1993.

［38］ N. Macdoonald. Biological delay systems：linear stability theory［M］. Cambridge University Press, Cambridge, 1989.

［39］ S. I. Niculescu. Delay effects on stability：a robust control approach［M］. Springer, Berlin, Germany, 2001.

［40］ J. K. Hale, S. M. V. Lunel. Introduction to functional differential equations［M］. Springer-Verlag, New York, USA, 1993.

［41］ S. S. Wang, B. S. Chen, T. P. Lin. Robust stability of uncertain time-delay systems［J］. International Journal of Control, 1987, 46（3）：963 – 976.

［42］ S. I. Niculescu, A. T. Neto, J. M. Dion, L. Dugard. Delay dependent stability of linear systems with delayed state：An LMI approach［C］. Proceedings of the 34th IEEE Conference on Decision and Control, 1995：1679 – 1684.

［43］ X. Li, C. E. De Souza. Criteria for robust stability and stabilization of uncertain linear systems with state delay［J］. Automatica, 1997, 9（33）：1657 – 1662.

［44］ C. M. Marcus, R. M. Westervelt. Stability of analog neural networks with delay［J］. Physical Review A, 1989, 39（1）：347 – 359.

［45］ K. Gopalsamy, X. He. Stability in asymmetric Hopfield networks with transmission delays [J]. Physical D, 1994, 76 (1): 344 – 358.

[46] J. Cao. New Results concerning exponential stability and periodic solutions of delayed cellular neural networks [J]. Physics Letter A, 2003, 307 (2 – 3): 136 – 147.

[47] J. Cao. A estimation of the domain of attraction and convergence rate for Hopfield continuous feedback neural networks [J]. Physics Letter A, 2004, 325 (5 – 6): 370 – 374.

[48] T. P. Chen, S. Amari. New theorems on global convergence of some dynamical systems [J]. Neural Networks, 2001, 14 (3): 251 – 255.

[49] T. P. Chen. Global exponential stability of delayed Hopfield neural networks [J]. Neural Networks. 2001, 14 (8): 977 – 980.

[50] J. Zhang, X. S. Jin. Global stability analysis in delayed Hopfield neural networks models [J]. Neural Networks, 2000, 13 (7): 745 – 753.

[51] H. Lu, F. L. Chung, Z. He. Some sufficient conditions for global exponential stability of delayed Hopfield neural networks [J]. Neural Networks, 2004, 17 (4): 537 – 544.

[52] X. F. Liao, G. Chen, E. N. Sanchez. LMI-based approach for asymptotically stability analysis of delayed neural networks [J]. IEEE Trans. Circuits and Systems I, 2002, 49 (7): 1033 – 1039.

[53] S. Arik, V. Tavsanoglu. Equilibrium analysis of delayed CNNs [J]. IEEE Trans. Circuits and Systems I, 1998, 45 (2): 168 – 171.

[54] S. Arik, V. Tavsanoglu. On the global asymptotic stability of delayed cellular neural networks [J]. IEEE Trans. Circuits and Systems I, 2000, 47 (4): 571 – 574.

[55] J. D. Cao. Global stability conditions for delayed CNNs [J]. IEEE Trans. Circuits and Systems I, 2001, 48 (11): 1330 – 1333.

[56] X. X. Liao, J. Wang. Algebraic criteria for global exponential stability of cellular neural networks with multiple time delays [J]. IEEE Trans. Circuits

and Systems I, 2003, 50 (2): 268 – 274.

[57] T. L. Liao, F. C. Wang. Global stability for cellular neural networks with time delay [J]. IEEE Trans. Neural Networks, 2000, 11 (6): 1481 – 1484.

[58] J. Zhang. Global stability analysis in delayed cellular neural networks [J]. Computers and Mathematics with Applications, 2003, 45 (10 – 11): 1707 – 1720.

[59] K. Gopalsamy, X. Z. He. Delay-independent stability in bi-directional associative memory networks [J]. IEEE Trans. Neural Networks, 1994, 5 (6): 998 – 1002.

[60] X. F. Liao, J. B. Yu. Qualitative analysis of bi-directional associative memory neural networks with time delays [J]. International Journal of Circuit Theory and Applications, 1998, 26 (3): 219 – 229.

[61] V. S. H. Rao, B. R. M. Phaneendra. Global dynamics of bi-directional associative memory neural networks involving transmission delays and dead zones [J]. Neural Networks, 1999, 12 (3): 455 – 465.

[62] S. Mohamad. Global exponential stability in continuous-time and discrete time delayed bi-directional neural networks [J]. Physica D, 2001, 159 (3 – 4): 233 – 251.

[63] J. Zhang, Y. Yang. Global stability analysis of bi-directional associative memory neural networks with time delay [J]. International Journal of Circuit Theory and Applications, 2001, 29 (2): 185 – 196.

[64] X. F. Liao, J. B. Yu, G. Chen. Novel stability criteria for bi-directional associative memory neural networks with time delays [J]. International Journal of Circuit Theory and Applications, 2002, 30 (5): 519 – 546.

[65] J. Cao, J. Liang, J. Lam. Exponential stability of high-order bi-directional associative memory neural networks with time delays [J]. Physica D, 2004, 199 (3 – 4): 425 – 436.

[66] A. Chen, J. Cao, L. Huang. Exponential stability of BAM neural net-

works with transmission delays [J]. Neurocomputing, 2004, 57: 435 – 454.

[67] S. Arik, V. Tavsanoglu. Global asymptotic stability analysis of bi-directional associative memory neural networks with constant time delays [J]. Neurocomputing, 2005, 68: 161 – 176.

[68] H. Ye, A. N. Michel, K. Wang. Qualitative analysis of Cohen-Grossberg neural networks with multiple delays [J]. Physical Review E, 1995, 51 (3): 2611 – 2618.

[69] K. Yuan, J. Cao. An analysis of global asymptotic stability of delayed Cohen-Grossberg neural networks via nonsmooth analysis [J]. IEEE Trans. Circuits and Systems I, 2005, 52 (9): 1854 – 1861.

[70] W. Lu, T. P. Chen. New conditions on global stability of Cohen-Grossberg neural networks [J]. Neural Computation, 2003, 15 (5): 1173 – 1189.

[71] J. Cao, J. Liang. Boundedness and stability for Cohen-Grossberg neural networks with time-varying delays [J]. Journal of Mathematical Analysis and Applications, 2004, 296 (2): 665 – 685.

[72] T. Chen, L. Rong. Delay-independent stability analysis of Cohen-Grossberg neural networks [J]. Physics Letters A, 2003, 317 (5 – 6): 436 – 449.

[73] J. Zhang, Y. Suda, H. Komine. Global exponential stability of Cohen-Grossberg neural networks with variable delays [J]. Physics Letters A, 2005, 338 (1): 44 – 50.

[74] L. Wang, L. Zou. Harmless delays in Cohen-Grossberg neural networks [J]. Physica D, 2002, 170 (2): 162 – 173.

[75] J. Cao, X. Li. Stability in delayed Cohen-Grossberg neural networks: LMI optimization approach [J]. Physica D, 2005, 212 (1 – 2): 54 – 65.

[76] L. Wang. Stability of Cohen-Grossberg neural networks with distributed delays [J]. Applied Mathematics and Computation, 2005, 160 (1): 93 – 110.

[77] A. Einstein. Investigations on the theory of the Brownian movement [M]. Dover Publications, New York, 1956.

[78] 胡宣达. 随机微分方程稳定性理论 [M]. 南京大学出版社, 南京, 1986.

[79] L. Arnold. Stochastic differential equations: theory and applications [M]. Wiley, New York, 1972.

[80] 关治洪, 秦忆. 时滞脉冲型 Hopfield 神经网络的全局指数稳定性. 控制理论与应用 [J], 1998, 15 (6): 959 – 961.

[81] V. B. Kolmanovskij, V. R. Nosov. Stability of functional differential equations [M]. Academic Press, New York, 1986.

[82] K. Gopalsamy. Stability and oscillations in delay differential equations of population dynamics [M]. Kluwer Academic Publishers, Boston, 1992.

[83] 刘永清, 冯昭枢. 大型动力系统的理论与应用——随机、稳定与控制 [M]. 广州: 华南理工大学出版社, 1992.

[84] I. Karatzas, S. E. Shreve. Brownian motion and stochastic calculus [M], Springer-Verlag, 1991.

[85] X. Mao, M. Glen, R. Eric. Environmental Brownian noise suppresses explosions in population dynamic [J]. Stochastic Process and Their Applications, 2002, 97 (1): 95 – 110.

[86] 廖晓昕. 动力系统的稳定性理论和应用 [M]. 国防工业出版社, 北京, 1992.

[87] 朱位秋. 非线性随机动力学与控制 Hamilton 理论体系框架 [M]. 北京: 科学出版社, 2003.

[88] 邓飞其, 黄礼荣, 刘永清. 滞后随机大系统的分散指数镇定设计 [J]. 系统工程与电子技术, 2002, 24 (4): 51 – 54.

[89] 冯昭枢, 邓飞其, 刘永清. 时变滞后随机大系统的稳定性: 向量 Lyapunov 函数法 [J]. 控制理论与应用, 1996, 13 (3): 371 – 375.

[90] 郭子君. 随机 Lotka-Volterra 系统的稳定性 [J]. 生物数学学报, 2004, 19 (2): 188 – 192.

[91] X. Mao. Exponential stability of neutral stochastic functional differen-

tial equations [J]. Systems and Control Letters, 1995, 26 (4): 245 – 251.

[92] X. Mao. Razumikhin-type theorems on exponential stability of neutral stochastic functional differential equations [J]. SIAM Journal on Mathematical Analysis, 1997, 28 (2): 389 – 401.

[93] X. Mao, S. Sabaris, E. Reushaw. Asymptotic behavior of the stochastic Lotka-Volterra model [J]. SIAM Journal on Mathematical Analysis, 2003, 287 (1): 141 – 156.

[94] X. Mao. Razumikhin-type theorems on exponential stability of stochastic functional differential equations [J]. Stochastic Processes and Their Applications, 1996, 65 (2): 233 – 250.

[95] Y. Shen, Y. Zhang, X. Liao. Exponential stability of nonlinear stochastic large-scale systems [J]. Control Theory and Applications, 2002, 19 (4): 571 – 574.

[96] X. Mao. Exponential stability of stochastic differential equations [M]. Marcel Dekker, New York, 1994.

[97] X. Mao, A. Shah. Exponential stability of stochastic differential delay equations [J]. Stochastics an International Journal of Probability and Stochastic Processes, 1997, 60 (1 – 2): 135 – 153.

[98] X. Mao. Some contributions to stochastic asymptotic stability and boundedness via multiple Lyapunov functions [J]. Journal of Mathematical Analysis and Applications, 2001, 260 (2): 325 – 340.

[99] X. Mao, S. Sabanis. Numerical solutions of stochastic differential delay equations under local Lipschitz condition [J]. Journal of Computational and Applied Mathematics, 2003, 151 (1): 215 – 227.

[100] M. Forti, S. Manetti, M. Marini. Necessary and sufficient condition for absolute stability of neural networks [J]. IEEE Trans. Circuits and Systems I, 1994, 41 (7): 491 – 494.

[101] S. Arik. Stability analysis of delayed neural networks [J]. IEEE

Trans. Circuits and Systems I, 2000, 47 (7): 1089 – 1092.

[102] J. Cao, J. Wang. Global asymptotic and robust stability of recurrent neural networks with time delays [J]. IEEE Trans. Circuits and Systems I, 2005, 52 (2): 417 – 426.

[103] Y. Zhang, P. A. Heng, K. S. Leung. Convergence analysis of cellular neural networks with unbounded delays [J]. IEEE Trans. Circuits and Systems I, 2001, 48 (6): 680 – 687.

[104] T. P. Chen, S. Amari. Stability of asymmetric Hopfield networks [J]. IEEE Trans. Neural Networks, 2001, 12 (1): 159 – 163.

[105] S. Blythe, X. Mao, X. X. Liao. Stability of stochastic delay neural networks [J]. Journal of the Franklin Institute, 2001, 338 (4): 481 – 495.

[106] X. X. Liao, X. Mao. Exponential stability and instability of stochastic neural networks [J]. Stochastic Analysis and Applications, 1996, 14 (2): 165 – 185.

[107] L. Wan, J. Sun. Mean square exponential stability of stochastic delayed Hopfield neural networks [J]. Physics Letters A, 2005, 343 (4): 306 – 318.

[108] Z. Wang, H. Shu, J. Fang, X. Liu. Robust stability for stochastic Hopfield neural networks with time delays [J]. Nonlinear Analysis: Real World Applications, 2006, 7 (5): 1119 – 1128.

[109] J. Zhang, P. Shi, J. Qiu. Novel robust stability criteria for uncertain stochastic Hopfield neural networks with time-varying delays [J]. Nonlinear Analysis: Real World Applications, 2007, 8 (4): 1349 – 1357.

[110] J. H. Kim. Delay and its time-derivative dependent robust stability of time-delayed linear systems with uncertainty [J]. IEEE Trans. Automatic Control, 2001, 46 (5): 789 – 792.

[111] H. Huang, G. Feng. Delay-dependent stability for uncertain stochastic neutral networks with time-varying delay [J]. Physica A, 2007

(381): 93 – 103.

[112] B. Liu, X. Z. Liu. Robust stability of uncertain discrete impulsive systems [J]. IEEE Trans. Circuits and Systems Ⅱ, 2007, 54 (5): 455 – 459.

[113] Y. He, Q. G. Wang, C. Lin. An improved H^{∞} filter design for systems with time-varying interval delay [J]. IEEE Trans. Circuits and Systems Ⅱ, 2006, 53 (11): 1235 – 1239.

[114] X. F. Jiang, Q. L. Han. Delay-dependent robust stability for uncertain linear systems with interval time-varying delay [J]. Automatica, 2006, 42 (6): 1059 – 1065.

[115] D. Yue, Q. L. Han, J. Lam. Network-based robust H^{∞} control of systems with uncertainty [J]. Automatica, 2005, 41 (6): 999 – 1007.

[116] D. Yue, C. Peng, G. Y. Tang. Guaranteed cost control of linear systems over networks with state and input quantizations [J]. IEE Proceedings-Control Theory and Applications, 2006, 153 (6): 658 – 664.

[117] Y. C. Tian, Z. G. Yu, C. Fidge. Multifractal nature of network induced time delay in networked control systems [J]. Physics Letters A, 2007, 361 (1 – 2): 103 – 107.

[118] K. Gu. Discretization schemes for Lyapunov-Krasovskii functions in time-delay systems [J]. Kybernetika, 2001, 37 (4): 479 – 504.

[119] H. Zhao, G. Wang. Delay-independent exponential stability of recurrent neural networks [J]. Physics Letters A, 2004, 333 (5 – 6): 399 – 407.

[120] K. Gu, Q. L. Han, A. C. J. Luo, S. I. Niculescu. Discretized Lyapunov functional for systems with distributed delay and piecewise constant coefficient [J]. International Journal of Control, 2001, 74 (7): 734 – 744.

[121] E. , Tian. C. Peng. Delay-dependent stability analysis and synthesis of uncertain T-S fuzzy systems with time-varying delay [J]. Fuzzy Sets Systems, 2006, 157 (4): 544 – 559.

[122] X. Jiang, Q. Han. On control for linear systems with interval time-

varying delay [J]. Automatica, 2005, 41 (12): 2099 – 2106.

[123] S. Boyd, L. E. I. Ghaoui, E. Feron, V. Balakrishnan. Linear matrix inequalities in system and control theory [M], SIAM, Philadelphia, PA, 1994.

[124] Q. Zhang, X. Wei, J. Xu. Delay-dependent global stability results for delayed Hopfield neural networks [J]. Chaos, Solitons and Fractals, 2007, 34 (2): 662 – 668.

[125] R. Rakkiyappan, P. Balasubramaniam. Delay-dependent asymptotic stability for stochastic delayed recurrent neural networks with time varying delays [J]. Applied Mathematics and Computation, 2008, 198 (2): 526 – 533.

[126] H. Huang, J. Cao. Exponential stability analysis of uncertain stochastic neural networks with multiple delays [J]. Nonlinear Analysis: Real World Applications, 2007, 8 (2): 646 – 653.

[127] Z. Wang, S. Lauria, J. Fang, X. Liu. Exponential stability of uncertain stochastic neural networks with mixed time-delays [J]. Chaos, Solitons and Fractals, 2007, 32 (1): 62 – 72.

[128] X. Mao. Stochastic differential equations and their applications [M]. Horwood, Chichester, UK, 1997.

[129] Q. Zhang, X. Wei, J. Xu. Delay-dependent exponential stability of cellular neural networks with time-varying delays [J]. Chaos, Solitons and Fractals, 2005, 23 (4): 1363 – 1369.

[130] S. Haykin. Neural networks: a comprehensive foundation [M]. Prentice Hall, NJ, 1998.

[131] J. Cao, K. Yuan, H. X. Li. Global asymptotical stability of recurrent neural networks with multiple discrete delays and distributed delays [J]. IEEE Trans. Neural Networks, 2006, 17 (6): 1646 – 1651.

[132] S. Arik. An analysis of exponential stability of delayed neural networks with time varying delays [J]. Neural Networks, 2004, 17 (7): 1027 – 1031.

[133] V. Singh. A generalized LMI-based approach to the global asymptot-

ic stability of delayed cellular neural networks [J]. IEEE Trans. Neural Networks, 2004, 15 (1): 223 – 225.

[134] V. Singh. Global robust stability of delayed neural networks: an LMI approach [J]. IEEE Trans. Circuits and Systems Ⅱ, 2005, 52 (1): 33 – 36.

[135] B. Zhang, S. Xu, Y. Li, Y. Chu. On global exponential stability of high-order neural networks with time-varying delays [J]. Physics Letters A, 2007, 366 (1 – 2): 69 – 78.

[136] Z. Wang, H. Shu, Y. Liu, D. W. C. Ho, X. Liu. Robust stability analysis of generalized neural networks with discrete and distributed time delays [J]. Chaos Solitons and Fractals, 2006, 30 (4): 886 – 896.

[137] H. Huang, D. W. C. Ho, Lam J. Stochastic stability analysis of fuzzy Hopfield neural networks with time-varying delays [J]. IEEE Trans. Circuits and Systems Ⅱ, 2005, 52 (5): 251 – 255.

[138] X. Lou, B. Cui, Stochastic exponential stability for Markovian jumping bam neural networks with time-varying delays [J]. IEEE Trans. Systems, Man, and Cybernetics B, 2007, 37 (3): 713 – 719.

[139] C. Li, X. Liao. Robust stability and robust periodicity of delayed recurrent neural networks with noise disturbance [J]. IEEE Trans. Circuits and Systems I, 2006, 53 (10): 2265 – 2273.

[140] W. H. Chen, X. Lu. Mean square exponential stability of uncertain stochastic delayed neural networks [J]. Physics Letters A, 2008, 372 (7): 1061 – 1069.

[141] W. Feng, S. X. Yang, W. Fu, H. Wu, Robust stability analysis of uncertain stochastic neural networks with interval time-varying delay [J]. Chaos Solitons and Fractals, 2009, 41 (1): 414 – 424.

[142] Z. Wang, Y. Liu, K. Fraser, X. Liu. Stochastic stability of uncertain Hopfield neural networks with discrete and distributed delays [J]. Physics Letters A, 2006, 354 (4): 288 – 297.

［143］ H. Li，B. Chen，Q. Zhou，S. Fang. Robust exponential stability for uncertain stochastic neural networks with discrete and distributed time-varying delays ［J］. Physics Letters A，2008，372（19）：3385 – 3394.

［144］ R. Rakkiyappan，P. Balasubramaniam，S. Lakshmanan. Robust stability results for uncertain stochastic neural networks with discrete interval and distributed time-varying delays ［J］. Physics Letters A，2008，372（32）：5290 – 5298.

［145］ Y. Zhang，D. Yue，E. Tian. Robust delay-distribution-dependent stability of discrete-time stochastic neural networks with time-varying delay ［J］. Neurocomputing，2009，72（4 – 6）：1265 – 1273.

［146］ R. Rakkiyappan，P. Balasubramaniam. LMI conditions for stability of stochastic recurrent neural networks with distributed delays ［J］. Chaos，Solitons and Fractals，2009，40（4）：1688 – 1696.

［147］ X. G. Li，X. J. Zhu. Stability analysis of neutral systems with distributed delays ［J］. Automatica，2008，44（8）：2197 – 2201.

［148］ Z. Shu，J. Lam. Global exponential estimates of stochastic interval neural networks with discrete and distributed delays ［J］. Neurocomputing，2008，71（3 – 5）：2950 – 2963.

［149］ Y. He，G. Liu，D. Rees. New delay-dependent stability criteria for neural networks with time-varying delay ［J］. IEEE Trans. Neural Networks，2007，18（1）：310 – 314.

［150］ Y. He，Q. G. Wang，L. Xie，C. Lin. Further improvement of free-weighting matrices technique for systems with time-varying delay ［J］. IEEE Trans. Automatic Control，2007，52（2）：293 – 299.

［151］ S. Arik. Global asymptotic stability analysis of bi-directional associative memory neural networks with time delays ［J］. IEEE Trans. Neural Networks，2005，16（3）：580 – 586.

［152］ C. Bai. Stability analysis of Cohen-Grossberg BAM neural networks with delays and impulses [J]. Chaos, Solitons and Fractals, 2008, 35 (2): 263 – 267.

[153] J. Cao, D. W. C. Ho, X. Huang. LMI-based criteria for global robust stability of bi-directional associative memory networks with time delay [J]. Nonlinear Analysis, 2007, 66 (7): 558 – 572.

[154] J. Cao, L. Wang. Exponential stability and periodic oscillatory solution in BAM networks with delays [J]. IEEE Trans. Neural Networks, 2002, 13 (2): 457 – 463.

[155] J. Cao, M. Xiao. Stability and Hopf bifurcation in a simplified BAM neural network with two time delays [J]. IEEE Trans. Neural Networks, 2007, 18 (2): 416 – 430.

[156] J. Chen, B. Cui. Impulsive effects on global asymptotic stability of delay BAM neural networks [J]. Chaos, Solitons and Fractals, 2008, 38 (4): 1115 – 1125.

[157] T. Huang, Y. Huang, C. Li. Stability of periodic solution in fuzzy BAM neural networks with finite distributed delays [J]. Neurocomputing, 2008, 71 (16 – 18): 3064 – 3069.

[158] X. Liao, K. Wong. Global exponential stability of hybrid bi-directional associative memory neural networks with discrete delays [J]. Physical Review E, 2003, 67 (4): 60 – 65.

[159] X. Liu, R. Martin, M. Wu, M. Tang. Global exponential stability of bi-directional associative memory neural networks with time delays [J]. IEEE Trans. Neural Networks, 2008, 19 (3): 397 – 407.

[160] Y. Liu, Z. Wang, X. Liu. Global asymptotic stability of generalized bi-directional associative memory networks with discrete and distributed delays [J]. Chaos, Solitons and Fractals, 2006, 28 (3): 793 – 803.

[161] X. Lou, B. Cui. Absolute exponential stability analysis of delayed bi-directional associative memory neural networks [J]. Chaos, Solitons and

Fractals, 2007, 31 (3): 695 – 701.

[162] Q. Song, J. Cao. Dynamics of bi-directional associative memory networks with distributed delays and reaction-diffusion terms [J]. Nonlinear Analysis: Real World Applications, 2007, 8 (1): 345 – 361.

[163] Q. Song, Z. Wang. An analysis on existence and global exponential stability of periodic solutions for BAM neural networks with time-varying delays [J]. Nonlinear Analysis: Real World Applications, 2007, 8 (1): 1224 – 1234.

[164] Y. Wang. Global exponential stability analysis of bi-directional associative memory neural networks with time-varying delays [J]. Nonlinear Analysis: Real World Applications, 2009, 10 (3): 1527 – 1539.

[165] Q. Zhou, L. Wan. Impulsive effects on stability of Cohen-Grossberg-type bi-directional associative memory neural networks with delays [J]. Nonlinear Analysis: Real World Applications, 2009, 10 (4): 2531 – 2540.

[166] Y. Zhou, S. Zhong, M. Ye, Z. Shi. Global asymptotic stability analysis of nonlinear differential equations in hybrid bi-directional associative memory neural networks with distributed time-varying delays [J]. Neurocomputing, 2009, 72 (7 – 9): 1803 – 1807.

[167] R. Gau, J. Hsieh, C. Lien. Global exponential stability for uncertain bi-directional associative memory neural networks with multiple time-varying delays via LMI approach [J]. International Journal of Circuit Theory and Applications, 2008, 36 (4): 451 – 471.

[168] X. Liao, K. Wong. Robust stability of interval bi-directional associative memory neural network with time delays [J]. IEEE Trans. Systems, Man, and Cybernetics B, 2004, 34 (2): 1142 – 1154.

[169] X. Lou, B. Cui. On the global robust asymptotic stability of BAM neural networks with time-varying delays [J]. Neurocomputing, 2006, 70 (1 – 3): 273 – 279.

[170] N. Ozcan, S. Arik. A new sufficient condition for global robust sta-

bility of bi-directional associative memory neural networks with multiple time delays [J]. Nonlinear Analysis: Real World Applications, 2009, 10 (5): 3312 - 3320.

[171] J. Park, O. Kwon. On improved delay-dependent criterion for global stability of bi-directional associative memory neural networks with time-varying delays [J]. Applied Mathematics and Computation, 2008, 199 (2): 435 - 446.

[172] Z. Wang, J. Fang, X. Liu. Global stability of stochastic high-order neural networks with discrete and distributed delays [J]. Chaos, Solitons and Fractals, 2008, 36 (2): 388 - 396.

[173] M. Syed Ali, P. Balasubramaniam. Robust stability for uncertain stochastic fuzzy BAM neural networks with time-varying delays [J]. Physics Letters A, 2008, 372 (31): 5159 - 5166.

[174] W. Su, Y. Chen. Global robust stability criteria of stochastic Cohen-Grossberg neural networks with discrete and distributed time-varying delays [J]. Communications in Nonlinear Science and Numerical Simulation, 2009, 14 (2): 520 - 528.

[175] L. Wan, Q. Zhou. Convergence analysis of stochastic hybrid bi-directional associative memory neural networks with delays [J]. Physics Letters A, 2007, 370 (5 - 6): 423 - 432.

[176] H. Zhao, N. Ding. Dynamic analysis of stochastic bi-directional associative memory neural networks with delays [J]. Chaos, Solitons and Fractals, 2007, 32 (5): 1692 - 1702.

[177] Y. He, G. Liu, D. Rees, M. Wu. Stability analysis for neural networks with time-varying interval delay [J]. IEEE Trans. Neural Networks, 2007, 18 (6): 1850 - 1854.

[178] J. Qiu, H. Yang, J. Zhang, Z. Gao. New robust stability criteria for uncertain neural networks with interval time-varying delays [J]. Chaos, Solitons and Fractals, 2009, 39 (2): 579 - 585.

[179] W. Feng, S. X. Yang, H. Wu. On robust stability of uncertain sto-chastic neural networks with distributed and interval time-varying delays [J]. Chaos, Solitons and Fractals, 2009, 42 (4): 2095 - 2104.

[180] R. Khasminski. Stochastic stability of differential equations [M]. Sijithoff and Noordhoff, Netherlands, 1980.

[181] A. Bellen, N. Guglielmi, A. E. Ruehli. Methods for linear systems of circuit delay differential equations of neutral type [J]. IEEE Trans. Circuits and Systems I, 1999, 76 (1): 212 - 215.

[182] R. K. Brayton. Small signal stability criterion for networks containing lossless transmission lines [J]. IBM Journal of Research and Development, 1968, 12: 431 - 440.

[183] S. I. Niculescu, B. Brogliato, A. Besancon-voda, A. Tornambe. For measurements time-delays and contact instability phenomenon [J]. European Journal of Control, 1999, 5 (2): 279 - 289.

[184] S. Xu, J. Lam, D. W. C. Ho, Y. Zou. Delay-dependent exponential stability for a class of neural network with time delays [J]. Journal of Computa-tional and Applied Mathematics, 2005, 183 (1): 16 - 28.

[185] Z. Zuo, Y. Wang. Novel delay-dependent exponential stability anal-ysis for a class of delayed neural networks [C]. International Conference on In-telligent Computing, 2006: 216 - 226.

[186] W. Xiong, J. Liang. Novel stability criteria for neutral systems with multiple time delays [J]. Chaos, Solitons and Fractals, 2007, 32 (5): 1735 - 1741.

[187] J. Liu, G. Zong. New delay-dependent asymptotic stability condi-tions concerning BAM neural networks of neutral-type [J]. Neurocomputing, 2009, 72 (10 - 12): 2549 - 2555.

[188] J. H. Park, C. H. Park, O. M. Kwon, S. M. Lee. A new stability cri-terion for bidirectional associative memory neural networks of neutral-type [J].

Applied Mathematics and Computation, 2008, 199 (2): 716 –722.

[189] C. Shen, S. Zhong. New delay-dependent robust stability criterion for uncertain neutral systems with time-varying delay and nonlinear uncertainties [J]. Chaos, Solitons and Fractals, 2009, 40 (5): 2277 –2285.

[190] J. H. Park, O. M. Kwon. Further results on state estimation for neural networks of neutral-type with time varying delay [J]. Applied Mathematics and Computation, 2009, 208 (1): 69 –75.

[191] O. M. Kwon, J. H. Park, S. M. Lee. On delay-dependent robust stability of uncertain neutral systems with interval time-varying delays [J]. Applied Mathematics and Computation, 2008, 203 (2): 843 –853.

[192] K. W. Yu, C. H. Lien. Stability criteria for uncertain neutral systems with interval time-varying delays [J]. Chaos, Solitons and Fractals, 2008, 38 (3): 650 –657.

[193] J. J. Yan, M. L. Hung, T. L. Liao. An EP algorithm for stability analysis of interval neutral delay-differential systems [J]. Expert Systems with Applications, 2008, 34 (2): 920 –924.

[194] J. H. Park, O. M. Kwon. Global stability for neural networks of neutral-type with interval time-varying delays [J]. Chaos, Solitons and Fractals, 2009, 41 (3): 1174 –1181.

[195] R. Rakkiyappan, P. Balasubramaniam, J. Cao. Global exponential stability results for neutral-type impulsive neural networks [J]. Nonlinear Analysis: Real World Applications, 2010, 11 (1): 122 –130.

[196] L. L. Xiong, S. M. Zhong, J. K. Tian. Novel robust stability criteria of uncertain neutral systems with discrete and distributed delays [J]. Chaos, Solitons and Fractals, 2009, 40 (2): 771 –777.

[197] R. Rakkiyappan, P. Balasubramaniam. New global exponential stability results for neutral type neural networks with distributed time delays [J]. Neurocomputing, 2008, 71 (4 –6): 1039 –1045.

［198］J. H. Park. LMI optimization approach asymptotic stability of certain neutral delay differential equation with time-varying coefficients ［J］. Applied Mathematics and Computation, 2005, 160 (2): 355 – 361.

［199］X. Y. Lou, B. T. Cui. Stochastic stability analysis for delayed neural networks of neutral type with Markovian jump parameters ［J］. Chaos, Solitons and Fractals, 2009, 39 (5): 2188 – 2197.

［200］W. Su, Y. Chen. Global asymptotic stability analysis for neutral stochastic neural networks with time-varying delays ［J］. Communications in Nonlinear Science and Numerical Simulation, 2009, 14 (4): 1576 – 1581.

［201］J. H. Park, O. M. Kwon, S. M. Lee. LMI optimization approach on stability for delayed neural network of neutral-type ［J］. Applied Mathematics and Computation, 2008, 196 (1): 236 – 224.

［202］H. Mai, X. Liao, C. Li. A semi-free weighting matrices approach for neutral-type delayed neural networks ［J］. Journal of Computational and Applied Mathematics, 2009, 225 (1): 44 – 55.

［203］Q. Zhang, X. Wei, J. Xu. Delay-dependent global stability condition for delayed Hopfield neural networks ［J］. Nonlinear Analysis: Real World Applications, 2007, 8 (3): 997 – 1002.

［204］X. Lou, B. Cui. Comments and further improvements on New LMI conditions for delay-dependent asymptotic stability of delayed Hopfield neural networks ［J］. Neurocomputing, 2007, 70 (13 – 15): 2566 – 2571.

［205］H. Liu, L. Ma, Z. Wang, et al. An overview of stability analysis and state estimation for memristive neural networks ［J］. Neurocomputing, 2020 (391): 1 – 12.

［206］X. M. Zhang, Q. L. Han, X. Ge, et al. An overview of recent developments in Lyapunov-Krasovskii functionals and stability criteria for recurrent neural networks with time-varying delays ［J］. Neurocomputing, 2018 (313): 392 – 401.

［207］C. Huang, X. Long, J. Cao. Stability of antiperiodic recurrent neural networks with multiproportional delays ［J］. Mathematical Methods in the Applied Sciences, 2020, 43 (9): 6093 –6102.

［208］S. Arik. New criteria for stability of neutral-type neural networks with multiple time delays ［J］. IEEE Transactions on Neural Networks and Learning Systems, 2019, 31 (5): 1504 –1513.

［209］J. Chen, J. H. Park, S. Xu. Stability analysis for neural networks with time-varying delay via improved techniques ［J］. IEEE transactions on cybernetics, 2018, 49 (12): 4495 –4500.

［210］F. Kong, Q. Zhu, T. Huang. New fixed-time stability lemmas and applications to the discontinuous fuzzy inertial neural networks ［J］. IEEE Transactions on Fuzzy Systems, 2020, 29 (12): 3711 –3722.

［211］J. Chen, J. H. Park, S. Xu. Stability analysis for neural networks with time-varying delay via improved techniques ［J］. IEEE transactions on cybernetics, 2018, 49 (12): 4495 –4500.

［212］Y. Du, S. Zhong, N. Zhou, et al. Exponential stability for stochastic Cohen-Grossberg BAM neural networks with discrete and distributed time-varying delays ［J］. Neurocomputing, 2014 (127): 144 –151.

［213］R. Rao, S. Zhong, X. Wang. Stochastic stability criteria with LMI conditions for Markovian jumping impulsive BAM neural networks with mode-dependent time-varying delays and nonlinear reaction-diffusion ［J］. Communications in Nonlinear Science and Numerical Simulation, 2014, 19 (1): 258 –273.

［214］M. S. Ali, P. Balasubramaniam. Robust stability for uncertain stochastic fuzzy BAM neural networks with time-varying delays ［J］. Physics Letters A, 2008, 372 (31): 5159 –5166.

［215］B. Liu. Global exponential stability for BAM neural networks with time-varying delays in the leakage terms ［J］. Nonlinear Analysis: Real World Applications, 2013, 14 (1): 559 –566.

［216］ O. M. Kwon，H. P. Ju，S. M. Lee，et al. Analysis on delay-dependent stability for neural networks with time-varying delays ［J］. Neurocomputing, 2013，103（MAR. 1）: 114 - 120.

［217］ S. Lakshmanan，H. P. Ju，H. Y. Jung，et al. A delay partitioning approach to delay-dependent stability analysis for neutral type neural networks with discrete and distributed delays ［J］. Neurocomputing，2013，111（Jul. 2）: 81 - 89.

［218］ W. Kai，Y. Zhu. Stability of almost periodic solution for a generalized neutral-type neural networks with delays ［J］. Neurocomputing, 2010, 73（16 - 18）: 3300 - 3307.

［219］ Pin-Lin. Liu. Improved delay-dependent stability of neutral type neural networks with distributed delays ［J］. Isa Transactions, 2013, 52（6）: 717 - 724.

［220］ Z. Zhang，W. Liu，D. Zhou. Global asymptotic stability to a generalized Cohen-Grossberg BAM neural networks of neutral type delays ［J］. Neural Netw, 2012, 25（none）: 94 - 105.